理工系の数学入門コース
［新装版］

フーリエ解析

理工系の
数学入門コース
［新装版］
▼

フーリエ解析

FOURIER ANALYSIS

大石進一

Shin'ichi Oishi

An Introductory Course of
Mathematics for
Science and Engineering

岩波書店

理工系学生のために

数学の勉強は

現代の科学・技術は，数学ぬきでは考えられない．量と量の間の関係は数式で表わされ，数学的方法を使えば，精密な解析が可能になる．理工系の学生は，どのような専門に進むにしても，できるだけ早く自分で使える数学を身につけたほうがよい．

たとえば，力学の基本法則はニュートンの運動方程式である．これは，微分方程式の形で書かれているから，微分とはなにかが分からなければ，この法則の意味は十分に味わえない．さらに，運動方程式を積分することができれば，多くの現象がわかるようになる．これは一例であるが，大学の勉強がはじまれば，理工系のほとんどすべての学問で，微分積分がふんだんに使われているのが分かるであろう．

理工系の学問では，微分積分だけでなく，「数学」が言葉のように使われる．しかし，物理にしても，電気にしても，理工系の学問を講義しながら，これに必要な数学を教えることは，時間的にみても不可能に近い．これは，教える側の共通の悩みである．一方，学生にとっても，ただでさえ頭が痛くなるような理工系の学問を，とっつきにくい数学とともに習うのはたいへんなことであろう．

vi —— 理工系学生のために

数学の勉強は外国などでの生活に似ている．はじめての町では，知らないことが多すぎたり，言葉がよく理解できなかったりで，何がなんだか分からないうちに一日が終わってしまう．しかし，しばらく滞在して，日常生活を送って近所の人々と話をしたり，自分の足で歩いたりしているうちに，いつのまにかその町のことが分かってくるものである．

数学もこれと同じで，最初は理解できないことがいろいろあるので，「数学はむずかしい」といって投げ出したくなるかもしれない．これは知らない町の生活になれていないようなものであって，しばらく我慢して想像力をはたらかせながら様子をみていると，「なるほど，こうなっているのか！」と納得するようになる．なんども読み返して，新しい概念や用語になれたり，自分で問題を解いたりしているうちに，いつのまにか数学が理解できるようになるものである．あせってはいけない．

直接役に立つ数学

「努力してみたが，やはり数学はむずかしい」という声もある．よく聞いてみると，「高校時代には数学が好きだったのに，大学では完全に落ちこぼれだ」という学生が意外に多い．

大学の数学は抽象性・論理性に重点をおくので，ちょっとした所でつまずいても，その後まったくついて行けなくなることがある．演習問題がむずかしいと，高校のときのように問題を解きながら学ぶ楽しみが少ない．数学を専攻する学生のための数学ではなく，応用としての数学，科学の言葉としての数学を勉強したい．もっと分かりやすい参考書がほしい．こういった理工系の学生の願いに応えようというのが，この『理工系の数学入門コース』である．

以上の観点から，理工系の学問においてひろく用いられている基本的な数学の科目を選んで，全8巻を構成した．その内容は，

1. 微分積分
2. 線形代数
3. ベクトル解析
4. 常微分方程式
5. 複素関数
6. フーリエ解析
7. 確率・統計
8. 数値計算

である．このすべてが大学1,2年の教科目に入っているわけではないが，各巻はそれぞれ独立に勉強でき，大学1年，あるいは2年で読めるように書かれている．読者のなかには，各巻のつながりを知りたいという人も多いと思うので，一応の道しるべとして，相互関係をイラストの形で示しておく．

　この入門コースは，数学を専門的に扱うのではなく，理工系の学問を勉強するうえで，できるだけ直接に役立つ数学を目指したものである．いいかえれば，理工系の諸科目に共通した概念を，数学を通して眺め直したものといえる．長年にわたって多くの読者に親しまれている寺沢寛一著『数学概論』(岩波書店刊)は，「余は数学の専門家ではない」という文章から始まっている．入門コース全8巻の著者も，それぞれ「私は数学の専門家ではない」というだろう．むしろ，数学者でない立場を積極的に利用して，分かりやすい数学を紹介したい，というのが編者のねらいである．

　記述はできるだけ簡単明瞭にし，定義・定理・証明のスタイルを避けた．ま

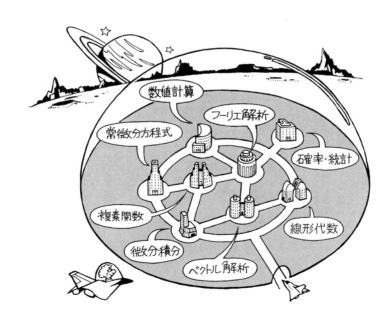

た，概念のイメージがわくような説明を心がけた．定義を厳正にし，定理を厳密に証明することはもちろん重要であり，厳正・厳密でない論証や直観的な推論には誤りがありうることも注意しなければならない．しかし，'落とし穴'や'つまずきの石'を強調して数学をつき合いにくいものとするよりは，数学を駆使して一人歩きする楽しさを，できるだけ多くの人に味わってもらいたいと思うのである．

すべてを理解しなくてもよい

この『理工系の数学入門コース』によって，数学に対する自信をもつようになり，より高度の専門書に進む読者があらわれるとすれば，編者にとって望外の喜びである．各巻末に添えた「さらに勉強するために」は，そのような場合に役立つであろう．

理解を確かめるため各節に例題と練習問題をつけ，さらに学力を深めるために各章末に演習問題を加えた．これらの解答は巻末に示されているが，できるだけ自力で解いてほしい．なによりも大切なのは，積極的な意欲である．「たたけよ，さらば開かれん」．たたかない者には真理の門は開かれない．本書を一度読んで，すぐにすべてを理解することはたぶん不可能であろう．またその必要もない．分からないところは何度も読んで，よく考えることである．大切なのは理解の速さではなく，理解の深さであると思う．

この入門コースをまとめるにあたって，編者は全巻の原稿を読み，執筆者にいろいろの注文をつけて，再三書き直しをお願いしたこともある．また，執筆者相互の意見や岩波書店編集部から絶えず示された見解も活用させてもらった．今後は読者の意見も聞きながら，いっそう改良を加えていきたい．

1988年4月8日

編者　戸　田　盛　和

広　田　良　吾

和　達　三　樹

はじめに

　理工学と一口にいっても，取り扱う範囲は非常に広い．しかし，多様な現象が少数の法則から統一的に説明できたり，応用上たいへんうまい方法がじつに基本的な原理に従っているというのはしばしば経験されることである．そして，多くの場合，このような法則や原理は適当な数学的手段によって，きれいに表わされる．したがって，理工学においては，現象や方法を数学的に表現して，解析し，その本質を明らかにすることが重要となる．

　フーリエ解析はこのような解析法と，解析のための視点を与えるものとして，きわめて有効なものである．ざっくばらんにいえば，物事のからくりが，フーリエ解析を通して，浮き彫りにされることが多いといえる．例えば，高校数学と大学数学の違いの1つに，偏微分方程式の登場があるが，偏微分方程式の解析にフーリエ解析は大きな役割を果たすのである．著者はフーリエ解析による偏微分方程式の解法を知ったときの大きな感動を今でもよく覚えている．

　また，フーリエ解析およびその思想は，偏微分方程式の解析のみならず，理工学全般にきわめて広くかつ本質的な影響を及ぼしている．例えば，著者は電気系の学科に所属しているが，電磁気学，回路理論，情報理論，確率過程など，著者の教えている専門基礎科目は，フーリエ解析をその重要な基礎の1つとしている．その意味で，フーリエ解析に慣れ親しんでおくことは専門科目を習得

x────は じ め に

するための 1 つのコツであるということができる.

　本書はこのような立場から，フーリエ解析について丁寧なかつ易しい解説を試みたものであり，フーリエ解析をさまざまな角度から掘り下げて，深い理解が得られるように留意してある．また，大学での学習全般にいえることであるが，一通り理解することも重要であるが，ある特定の部分に深い興味をもち，それについて自分で学習を深めていくこともまた大切なことであるので，読み切り的にやや高度な話題を扱った節もある．

　ここで，本書の内容について簡単に説明しよう．フーリエ級数は関数を特定の三角関数の和として表わすものであるが，第 1 章では，三角関数の復習から始めて，フーリエ級数の導入を行なう．第 2 章では，フーリエ級数のやや高度な部分と応用を説明している．第 3 章では，フーリエ変換とその応用について論じる．フーリエ級数が周期関数の展開であるのに対し，フーリエ変換は非周期関数の変換である．以上の 3 章で一応フーリエ解析の基本は終わる．

　第 4 章においては，フーリエ級数の一般化を行なうという立場から，フーリエ級数のもつ数学的意味について論ずる．第 5 章では，線形偏微分方程式のフーリエ解析について説明する．第 6 章では，フーリエ変換を若干変形したラプラス変換について説明し，それが線形定数係数常微分方程式の初期値問題を解くときに極めて有効となることを明らかにする．

　記述はできるだけ物理や工学的なスタイルをとり，定理，証明の繰り返しの形はとらなかった．また，各章はできるだけ独立に読めるようにした．トピックス的なものは節の単位で独立に読めるようにしてある．

　本書の学び方について若干のモデルコースを示そう．

　(1)　初級　第 1 章＋第 2 章の 2-1, 2-2, 2-3, 2-6 節＋第 3 章(3-8 節を除く)

　(2)　中級　初級＋第 5 章＋第 6 章

　(3)　上級　中級＋第 2 章の残り＋第 3 章 3-8 節＋第 4 章

　初級コースを読めば，フーリエ級数とフーリエ変換およびその基本的応用を知ることができる．また，中級コースを読めば，さらに常微分方程式や偏微分方程式への応用を知ることができる．そして，これにより，フーリエ解析の一

通りの理解ができる．上級コースを読めば，関数解析など，さらに高度な数学の入口に立つことができる．

いずれにしても，本書を読んでその内容に興味をもち，さらなる知的探険の旅に出られる方が現われれば，著者にとって望外の喜びである．

本書の執筆にあたって，このコースの編者である戸田盛和先生，広田良吾先生，和達三樹先生には題材の取捨選択を始めとして，たいへん多くの点でご教示頂いた．また，「数式はアルファベット順」というコーヒー・ブレイクは広田先生が書いて下さったものである．ここに，深く感謝いたします．また，他の巻の執筆者の先生方にも貴重なご意見を賜った．心から御礼申し上げます．読者の立場に立ったコメントを頂いた編集部片山宏海氏をはじめとして岩波書店の方々には大変お世話になったことを感謝いたします．

最後に，卒論以来，著者を常に暖かく励まして下さっている早稲田大学堀内和夫先生に心から御礼申し上げます．

　　　1989年 春

　　　　　　　　　　　　　　　　大 石 進 一

目次

理工系学生のために

はじめに

1 フーリエ級数 ・・・・・・・・・・・・・・・・ 1

1-1 周期関数・・・・・・・・・・・・・・・・・ 2

1-2 フーリエ級数・・・・・・・・・・・・・・・ 6

1-3 周期波形のフーリエ級数展開の例・・・・・ 13

1-4 フーリエ正弦展開とフーリエ余弦展開・・・ 20

1-5 一般の周期関数に対するフーリエ級数・・・ 24

1-6 フーリエ級数の収束性に関する定理と

その応用・・・・・・・・・・・・・・・ 26

第1章演習問題 ・・・・・・・・・・・・・・・ 29

2 フーリエ級数の基本的性質 ・・・・・・・ 31

2-1 フーリエ級数の微分積分・・・・・・・・・ 32

2-2 複素フーリエ級数・・・・・・・・・・・・ 39

2-3 線形システム・・・・・・・・・・・・・ 46

2-4 ディラックのデルタ関数・・・・・・・・・ 50

xiv —— 目　次

2-5　ギブス現象・・・・・・・・・・・・　57

2-6　フーリエ級数と最良近似問題・・・・・・　59

第2章演習問題・・・・・・・・・・・・　66

3　フーリエ変換・・・・・・・・・　69

3-1　非周期関数・・・・・・・・・・・・　70

3-2　フーリエ変換・・・・・・・・・・・　72

3-3　フーリエ正弦変換とフーリエ余弦変換・・・　78

3-4　複素フーリエ変換の計算・・・・・・・　81

3-5　フーリエ変換の性質とその応用・・・・・　84

3-6　線形システムの解析・・・・・・・・・　88

3-7　パーシバルの等式とその応用・・・・・　92

3-8　超関数のフーリエ変換・・・・・・・・　96

第3章演習問題・・・・・・・・・・・・100

4　一般化フーリエ級数・・・・・105

4-1　フーリエ級数とベクトル空間・・・・・・106

4-2　一般化フーリエ級数・・・・・・・・・117

第4章演習問題・・・・・・・・・・・・121

5　偏微分方程式・・・・・・・・・123

5-1　偏微分方程式とは・・・・・・・・・・124

5-2　波動方程式・・・・・・・・・・・・127

5-3　拡散方程式・・・・・・・・・・・・144

5-4　ラプラスの方程式・・・・・・・・・・151

5-5　多次元の問題・・・・・・・・・・・158

第5章演習問題・・・・・・・・・・・・161

6　ラプラス変換・・・・・・・・・165

6-1　ラプラス変換・・・・・・・・・・・166

目　　次 —— xv

6-2　ラプラス逆変換の計算・・・・・・・・・・・171

6-3　ラプラス変換による常微分方程式の解法・・175

第6章演習問題・・・・・・・・・・・・・・・177

さらに勉強するために・・・・・・・・・・・179

数学公式・・・・・・・・・・・・・・・187

問題略解・・・・・・・・・・・・・・・191

索引・・・・・・・・・・・・・・・・・215

コーヒー・ブレイク

　数式はアルファベット順　　*12*

　万能の人フーリエ　　*67*

　数学と物理と工学のちょっとした違い　　*103*

　長さの無い曲線　　*122*

　非線形のフーリエ変換　　*164*

　電気屋さんは発明家　　*178*

カット＝浅村彰二

1

フーリエ級数

フーリエ級数展開とは，任意の関数を三角関数の和として表わすことである．三角関数は性質がよく分かっている関数であるから，関数をフーリエ級数に展開することにより，その性質をくわしく調べることができる．そのため，フーリエ級数は，理工学に現われるさまざまな現象の解析やシステムの設計に極めて有用である．本章では三角関数の復習から始めて，フーリエ級数へのていねいな導入を行なう．

1-1 周期関数

フーリエ級数展開は，性質のよくわからない関数を性質のよく知れた三角関数 $\sin nx$, $\cos nx$ $(n=0, 1, 2, \cdots)$ の重ね合わせとして表わす方法である．

三角関数 フーリエ級数の勉強を三角関数の復習から始めよう．

三角関数は図 1-1 において次のように定義される．

$$\sin x = \frac{PQ}{OP}, \quad \cos x = \frac{OQ}{OP}$$

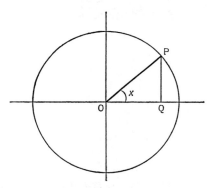

図 1-1 三角関数

定義式から次の性質がわかる．

(a)　$\sin 0 = 0$,　$\sin \pi = 0$,　$\cos 0 = 1$,　$\cos \pi = -1$

一般化して，整数 n に対して

$$\sin n\pi = 0, \quad \cos n\pi = (-1)^n$$

(b)　$\sin \frac{\pi}{2} = 1$,　$\sin\left(-\frac{\pi}{2}\right) = -1$

これも，一般化すれば，

$$\sin\left(n+\frac{1}{2}\right)\pi = 1 \qquad (n=0, \pm 2, \pm 4, \cdots)$$

$$\sin\left(n-\frac{1}{2}\right)\pi = -1 \qquad (n=0, \pm 2, \pm 4, \cdots)$$

(c) $\sin\left(\dfrac{\pi}{2}-x\right)=\cos x, \quad \cos\left(\dfrac{\pi}{2}-x\right)=\sin x$

(d) $\sin^2 x+\cos^2 x=1$

次の加法定理は高校時代に習ったであろう．

$\sin(x+y)=\sin x\cos y+\cos x\sin y$

$\sin(x-y)=\sin x\cos y-\cos x\sin y$

$\cos(x+y)=\cos x\cos y-\sin x\sin y$

$\cos(x-y)=\cos x\cos y+\sin x\sin y$

これらは基本公式であり，これから三角関数のたいていの公式は導出できる．

例題 1.1 三角関数の積 $\sin x\sin y$ を三角関数の和に直せ．

[解] $\sin x\sin y$ という項は $\cos(x+y)$ と $\cos(x-y)$ の加法公式に現われる．それらの公式から両者の差をつくると

$$\sin x\sin y=\dfrac{1}{2}\{\cos(x-y)-\cos(x+y)\}$$

となる．∎

周期関数 三角関数の性質のうち，フーリエ級数を考える際に最も基本的となるのは，次の，三角関数の周期性である．

$$\begin{aligned}\sin(x+2n\pi)&=\sin x\\ \cos(x+2n\pi)&=\cos x\end{aligned}\quad (n=0,1,2,\cdots)$$

一般に，関数 $f(x)$ が

$$f(x+T)=f(x)\quad (T>0) \tag{1.1}$$

を満たすとき，f を**周期関数**(periodic function)と呼び，また，T をその周期という．特に，式(1.1)を満たす最小の T を**基本周期**(fundamental period)と

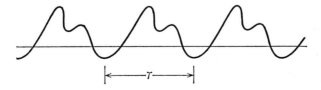

図 1-2 周期関数の例とその基本周期 T

4 ——— **1** フーリエ級数

いう．2つの関数 f と g が周期 T の周期関数であれば，その線形結合 $h(x)=af(x)+bg(x)$ も周期 T の周期関数となる．これは，

$$h(x+T) = af(x+T)+bg(x+T) = af(x)+bg(x) = h(x)$$

からわかる．

例題 1.2 次の関数の基本周期を求めよ．

$$f(x) = \cos\frac{x}{2}+\cos\frac{x}{3}$$

[解] $\cos(x/2)$ の基本周期は 4π で，$\cos(x/3)$ の基本周期は 6π であるから，その最小公倍数 12π で $f(x)$ はもとの値に戻る．

$$f(x+12\pi) = \cos\frac{x+12\pi}{2}+\cos\frac{x+12\pi}{3}$$

$$= \cos\frac{x}{2}+\cos\frac{x}{3} = f(x)$$

したがって，$f(x)$ の基本周期は 12π である．∎

ここで後に役に立つ結果を例題として挙げる．

例題 1.3 関数 $f(x)$ と $g(x)$ がともに周期 T の周期関数であるとする．このとき，この2つの関数の積 $h(x)=f(x)g(x)$ も周期 T の関数となることを示せ．

[解] $h(x+T)$ を計算してみよう．

$$h(x+T) = f(x+T)g(x+T) = f(x)g(x) = h(x)$$

これは関数 $h(x)$ が周期 T の関数であることを示している．∎

例題 1.4 関数 $f(x)$ は周期 T の関数であるとする．このとき，任意の定数 c に対して

$$\int_0^T f(x)dx = \int_c^{c+T} f(x)dx$$

が成り立つことを示せ．

[解] 図 1-3 から明らかである．∎

$0\leqq x<T$ 上の関数を周期関数に拡張する 周期 T の周期関数 $f(x)$ は，その1周期 $0\leqq x<T$ での値がわかれば，式 (1.1) から，関数 $f(x)$ はその繰り返しであるから，$-\infty<x<\infty$ での関数 $f(x)$ のすべての振る舞いがわかる．このこ

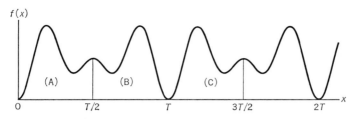

図1-3 公式 $\int_0^T f(x)dx = \int_c^{c+T} f(x)dx$ の $c=T/2$ の場合.
上式の左辺は (A)+(B) で，右辺は (B)+(C) であるが，$f(x)$ の周期性によって (A)=(C) となって，上式が成り立つことがわかる.

とを利用すると，$0 \leqq x < T$ 上でのみ定義されている関数から周期関数をつくることができる.

いま，$0 \leqq x < T$ で定義される関数 $f(x)$ があるとする．これを図1-4のように，$0 \leqq x < T$ 上での関数 $f(x)$ の値が繰り返すように，$-\infty < x < \infty$ 上の関数 $\tilde{f}(x)$ に拡張すると，$\tilde{f}(x)$ は周期 T の周期関数となる（式で書けば，$\tilde{f}(x+nT)$

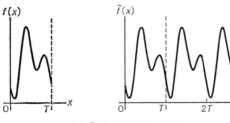

(a) $\tilde{f}(x)$ が連続となる場合

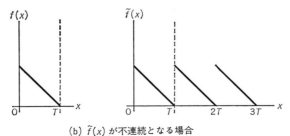

(b) $\tilde{f}(x)$ が不連続となる場合

図1-4 $0 \leqq x < T$ 上の関数 $f(x)$ とその周期的拡張 $\tilde{f}(x)$

6──── **1** フーリエ級数

$=f(x)$. ただし $0 \leqq x < T$, $n = \cdots, -1, 0, 1, \cdots$). 逆に，もとの関数 $f(x)$ は関数 $\tilde{f}(x)$ の $0 \leqq x < T$ 上の値だけを考えれば，関数 $\tilde{f}(x)$ から得られる．周期関数 $\tilde{f}(x)$ は関数 $f(x)$ からつくられたので，関数 $\tilde{f}(x)$ を関数 $f(x)$ の**周期的拡張**という．$f(0) = f(T)$ が成立していないときは，周期的拡張によって，関数 $f(x)$ は連続であっても，$\tilde{f}(x)$ として不連続関数が得られることに注意しよう（図 1-4 参照）．

━━━━━━━━━━━━━━━ **問　題** 1-1 ━━━━━━━━━━━━━━━

1. 次の三角関数の積を三角関数の和に書き直せ．

(1)　$\sin x \cos y$　　　　(2)　$\cos x \cos y$

2. 次の三角関数の公式を証明せよ．

(1)　$\sin^2 x = \dfrac{1 - \cos 2x}{2}$　　　　(2)　$\cos^2 x = \dfrac{1 + \cos 2x}{2}$

(3)　$\cos^3 x = \dfrac{3 \cos x + \cos 3x}{4}$

3. 次の関数の基本周期はいくらか．

(1)　$\sin 3x + 3 \cos 5x$　　　　(2)　$\sin x \cos 2x$

━━

1-2　フーリエ級数

必要な準備が整ったので，周期関数のフーリエ級数展開の定義を与えよう．

フーリエ級数展開とは　いま，関数 $f(x)$ を周期 2π の周期関数とする．関数 $f(x)$ のフーリエ級数展開（Fourier series expansion）とは，三角関数の級数（これを**三角級数**という）

$$\frac{a_0}{2} + a_1 \cos x + b_1 \sin x + a_2 \cos 2x + b_2 \sin 2x + a_3 \cos 3x + b_3 \sin 3x + \cdots$$

$$= \frac{a_0}{2} + \sum_{n=1}^{\infty} (a_n \cos nx + b_n \sin nx) \tag{1.2}$$

によって，関数 $f(x)$ を表わそうというものである．ただし，式(1.2)の両辺の第1項に現われる 1/2 は後の議論に都合がよいようにつけた技術的なものであり，本質的な意味はない．後に述べるように，一般の周期をもつ周期関数に関するフーリエ級数展開も同様に定義できる．

さて，$\cos nx$，$\sin nx\,(n=1,2,\cdots)$ の基本周期は $2\pi/n$ であるが，共通に 2π を周期としてもつ．したがって，式(1.2)に現われる各項は 2π を周期としてもつ周期関数である．したがって，式(1.2)の右辺が収束すれば，これは周期 2π の周期関数となることがわかる．つまり，周期関数がフーリエ級数展開の活躍する舞台なのである．

しばらく話を周期 2π の周期関数に限り，そのフーリエ級数を扱うことにする．まず最初に疑問となることは，周期 2π の周期関数ならどんな関数でも，a_n と b_n を適当に選ぶことにより

$$f(x) = \frac{a_0}{2} + \sum_{n=1}^{\infty}(a_n \cos nx + b_n \sin nx) \tag{1.3}$$

とフーリエ級数展開できるのか，ということであろう．フーリエ級数展開の提唱者であるフーリエ(J. B. J. Fourier, 1768–1830)は，「周期 2π の任意の周期関数はフーリエ級数に展開できる」と主張したが，証明は完全ではなかった．ちなみに，フーリエが活躍したのはナポレオンの時代である．

現代数学においては，この主張は大体において正しく，物理や工学に現われるたいていの関数はフーリエ級数展開できることが知られている．すなわち，滑らかな関数はもとより，不連続点を多数もつような関数に対しても，フーリエ級数展開は存在し，不連続点を除けば，式(1.3)が成立するのである．このように広い適用性をもつ点がフーリエ級数展開の特長の1つである．

簡単な例　問題 1-1 の結果を使うと，三角関数のベキに関するフーリエ級数展開の公式が得られる．例えば，問 2 の(1)の

$$\sin^2 x = \frac{1-\cos 2x}{2}$$

8———— **1** フーリエ級数

という倍角の公式は，$\sin^2 x$ という周期 2π の周期関数のフーリエ級数展開の式

$$\sin^2 x = \frac{1}{2} - \frac{1}{2}\cos 2x$$

であると考えることができる．このとき，$a_0 = 1$，$a_2 = -1/2$ で，他の a_n, b_n は 0 である．上式は $\sin^2 x$ に対しては，フーリエ級数展開は有限項で切れること を表わしている．

　同様に，問 2 の (2)，(3) の結果から，いくつかのフーリエ級数展開の公式が 得られる．

$$\cos^2 x = \frac{1}{2} + \frac{1}{2}\cos 2x$$

$$\cos^3 x = \frac{3}{4}\cos x + \frac{1}{4}\cos 3x$$

　フーリエ係数　では，周期 2π の周期関数 $f(x)$ が与えられ，それが式 (1.3) のようにフーリエ級数展開できるとして，その展開係数はどのように求めれば よいのであろうか．答えを先に示そう．それは，次の公式で与えられる．

$$a_n = \frac{1}{\pi}\int_0^{2\pi} f(x)\cos nx\,dx \qquad (n=0,1,2,\cdots)$$

$$b_n = \frac{1}{\pi}\int_0^{2\pi} f(x)\sin nx\,dx \qquad (n=1,2,\cdots)$$

　(1.4)

この a_n と b_n を**フーリエ係数**（Fourier coefficient）とよぶ．

　フーリエ係数が式 (1.4) のように与えられるのは，式 (1.3) の右辺に現われる 関数 $\cos nx\,(n=0,1,2,\cdots)$，$\sin nx\,(n=1,2,\cdots)$ が互いに直交することを用いる と見やすい（関数が直交することの定義はすぐ下で与える）．そこで，このよう な立場から式 (1.4) を導こう．これは，**三角関数系**

$$\{1, \cos x, \sin x, \cos 2x, \sin 2x, \cdots\} \qquad (1.5)$$

が全体としてもつ性質であるので，三角関数系の**直交性**（orthogonality）と呼ば れる．

　三角関数系の直交性　いま，関数 $f(x)$ と $g(x)$ を周期 2π の周期関数としよ う．関数 f と g が直交するとは，

$$\int_0^{2\pi} f(x)g(x)dx = 0 \qquad (1.6)$$

が成立することであると定義される．これは，第4章で説明するように，ベクトルが直交するという概念を素直に拡張したものである．また，式(1.6)の左辺を関数 $f(x)$ と $g(x)$ の**内積**という．

さて，三角関数系の直交性とは次の2つのことが成立することである．

(1) 自分と異なる三角関数系の関数との内積が0．すなわち，任意の $m=1$, $2, \cdots$ に対して

$$\int_0^{2\pi} 1 \cdot \cos mx dx = 0, \qquad \int_0^{2\pi} 1 \cdot \sin mx dx = 0 \qquad (1.7a)$$

任意の $m=1, 2, \cdots$ と $n=1, 2, \cdots$ に対して

$$\int_0^{2\pi} \cos mx \sin nx dx = 0 \qquad (1.7b)$$

となり，また $m \neq n$ なる任意の $m=1, 2, \cdots$ と $n=1, 2, \cdots$ に対して

$$\int_0^{2\pi} \cos mx \cos nx dx = 0, \qquad \int_0^{2\pi} \sin mx \sin nx dx = 0 \qquad (1.7c)$$

が成立する．

(2) 自分自身との内積が0でない．すなわち，

$$\int_0^{2\pi} 1 \cdot 1 dx = 2\pi \qquad (1.7d)$$

任意の $m=1, 2, \cdots$ について

$$\int_0^{2\pi} \cos^2 mx dx = \pi, \qquad \int_0^{2\pi} \sin^2 mx dx = \pi \qquad (1.7e)$$

が成立する．

例題 1.5　上に示した式(1.7a〜e)を証明せよ．

[解]　まず，式(1.7a)を証明する．$m \neq 0$ に対して

$$\int_0^{2\pi} \cos mx dx = \left[\frac{\sin mx}{m} \right]_0^{2\pi} = 0$$

となる．同様に $m=1, 2, \cdots$ に対して

10 ——— **1** フーリエ級数

$$\int_0^{2\pi} \sin mx\,dx = \left[-\frac{\cos mx}{m} \right]_0^{2\pi} = -\left(\frac{1}{m} - \frac{1}{m} \right) = 0$$

次に式(1.7b)を証明する．前節で示した三角関数の積を和に直す公式から

$$\int_0^{2\pi} \cos mx \sin nx\,dx$$

$$= \frac{1}{2} \int_0^{2\pi} \{ \sin(m+n)x - \sin(m-n)x \}\,dx$$

$$= \frac{1}{2} \left\{ \int_0^{2\pi} \sin(m+n)x\,dx - \int_0^{2\pi} \sin(m-n)x\,dx \right\}$$

となる．上で証明した公式(1.7a)から，この最後の式は0となる．

次に式(1.7c)を証明しよう．$m \neq n$ とする．三角関数の公式により

$$\int_0^{2\pi} \cos mx \cos nx\,dx$$

$$= \frac{1}{2} \int_0^{2\pi} \{ \cos(m+n)x + \cos(m-n)x \}\,dx$$

となるが，$m \neq n$ より，公式(1.7a)が使えて，これは0となることがわかる．

同様に，$m \neq n$ のとき

$$\int_0^{2\pi} \sin mx \sin nx\,dx$$

$$= \frac{1}{2} \int_0^{2\pi} \{ \cos(m-n)x - \cos(m+n)x \}\,dx = 0$$

公式(1.7d)は

$$\int_0^{2\pi} dx = [x]_0^{2\pi} = 2\pi$$

より明らか．また，$m \neq 0$ に対する公式(1.7e)は

$$\int_0^{2\pi} \cos^2 mx\,dx = \frac{1}{2} \int_0^{2\pi} (\cos 2mx + 1)dx$$

より明らか．なぜなら，上式の右辺第1項は式(1.7a)より0であるから．また，同様に，$m \neq 0$ に対して

$$\int_0^{2\pi} \sin^2 mx\,dx = \frac{1}{2} \int_0^{2\pi} (1 - \cos 2mx)dx = \pi \qquad ▌$$

フーリエ係数の公式の導出　以上の結果をもとに，公式(1.4)を導こう．関

数 $f(x)$ が

$$f(x) = \frac{a_0}{2} + \sum_{n=1}^{\infty} (a_n \cos nx + b_n \sin nx) \tag{1.8}$$

と展開できるとし，この式の両辺に関数 $\cos mx\,(m = 0, 1, 2, \cdots)$ をかけ，0 から 2π まで積分すると，積分と和の順序を交換できるとして

$$\int_0^{2\pi} f(x) \cos mx\,dx = \int_0^{2\pi} \frac{a_0}{2} \cos mx\,dx$$

$$+ \sum_{n=1}^{\infty} \int_0^{2\pi} (a_n \cos nx \cos mx + b_n \sin nx \cos mx)\,dx$$

を得る．公式(1.7)から，この式の右辺は πa_m となる．これからフーリエ係数の公式

$$a_m = \frac{1}{\pi} \int_0^{2\pi} f(x) \cos mx\,dx \tag{1.9a}$$

を得る．同様に，式(1.8)の両辺に $\sin mx$ をかけ，0 から 2π まで積分すると

$$\int_0^{2\pi} f(x) \sin mx\,dx = \int_0^{2\pi} \frac{a_0}{2} \sin mx\,dx$$

$$+ \sum_{n=1}^{\infty} \int_0^{2\pi} (a_n \cos nx \sin mx + b_n \sin nx \sin mx)\,dx$$

を得る．公式(1.7)から，この式の右辺は πb_m となる．これから

$$b_m = \frac{1}{\pi} \int_0^{2\pi} f(x) \sin mx\,dx \tag{1.9b}$$

を得る．式(1.9)は公式(1.4)そのものである．こうして，<u>三角関数系の直交性から，フーリエ係数の公式(1.4)が導かれる</u>ことがわかった.

　　[注意]　関数 $f(x)$ を周期 2π の周期関数とする．このとき関数 $f(x)$ と関数 $\cos nx$, $\sin nx$ はともに周期 2π の周期関数であるから，前節の例題 1-3 より，積 $f(x) \cos nx$, $f(x) \sin nx$ も周期 2π の周期関数となる．したがって，さらに前節の例題 1-4 より，関数 $f(x)$ のフーリエ係数は次の式でも与えられることがわかる.

$$a_n = \frac{1}{\pi} \int_c^{c+2\pi} f(x) \cos nx\,dx \qquad (n = 0, 1, 2, \cdots) \tag{1.10a}$$

12 ——— **1** フーリエ級数

$$b_n = \frac{1}{\pi} \int_c^{c+2\pi} f(x) \sin nx dx \qquad (n=1, 2, \cdots) \qquad (1.10b)$$

ただし，c は定数とする．式 (1.10) で $c=0$ としたのが公式 (1.4) で，$c=-\pi$ とすると

$$a_n = \frac{1}{\pi} \int_{-\pi}^{\pi} f(x) \cos nx dx \qquad (n=0, 1, 2, \cdots) \qquad (1.11a)$$

$$b_n = \frac{1}{\pi} \int_{-\pi}^{\pi} f(x) \sin nx dx \qquad (n=1, 2, \cdots) \qquad (1.11b)$$

となる．▎

Coffee Break

数式はアルファベット順

関数 $f(x)$ のフーリエ級数の式

$$f(x) = \frac{a_0}{2} + \sum_{n=1}^{\infty} (a_n \cos nx + b_n \sin nx)$$

を初めて見たときは，誰でも複雑な式だなあと思う．この公式は，フーリエ解析では何度も何度も出てくるので，必ず記憶しなければならない大切な公式である．きちんと記憶できるかどうか心配になってくる．しかし「数式はアルファベット順」というのを知っていると記憶するのが少しは楽になる．日本語では sin, cos のことを正弦，余弦と呼ぶので，sin の方が cos より先になるが，英語ではアルファベット順で c の方が s より先になるので，右辺の括弧の中は $\cos nx$ の項が $\sin nx$ より先にくる．そして係数の a_n, b_n もアルファベット順にしたがうので，$a_n \cos nx + b_n \sin nx$ となるのである．Σ（シグマと読む）は Sum の頭文字 S のギリシャ文字であり，$\sum_{n=1}^{\infty}$ は $n=1, 2, 3, \cdots,$ ∞ について Sum（和）をとることを表わす．

この式のもつ深い意味が分かり，この式が当時の数学界に与えたショックの大きさが想像できるようになるのは，もっともっと色々なことを勉強した後のことである．今はただこの式を丸暗記するだけでよい．　　　　（広田）

1-3 周期波形のフーリエ級数展開の例 ——— 13

‖‖‖‖‖‖‖‖‖‖‖‖‖‖‖‖‖‖‖‖‖‖‖‖‖‖‖‖‖‖‖‖‖‖‖‖‖ 問　題 1-2 ‖‖‖‖‖‖‖‖‖‖‖‖‖‖‖‖‖‖‖‖‖‖‖‖‖‖‖‖‖‖‖‖

1. 三角関数の積を和に直す公式を利用して，次の関数のフーリエ級数展開を求めよ．

(1) $f(x) = \sin x \cos x$ 　　　(2) $f(x) = \sin x \sin 3x$

(3) $f(x) = \cos x \cos 3x$

‖‖

1-3　周期波形のフーリエ級数展開の例

ここでは周期 2π の周期関数のフーリエ級数展開の計算をする際に役に立つ 2,3 のコツを述べ，実際にいくつかの関数をフーリエ級数展開してみよう．

偶関数と奇関数　フーリエ係数を計算する際に，関数のもつ対称性を利用すると計算が大幅に簡単になることがよくある．その代表的な場合が，関数が偶関数あるいは奇関数のときである．ここで，関数 $f(x)$ が**偶**(even)であるとは，任意の $-\infty < x < \infty$ に対して

$$f(-x) = f(x)$$

を満たすことで，関数 $f(x)$ が**奇**(odd)であるとは，

$$f(-x) = -f(x)$$

を満たすことである．

　　[注]　$-\pi \leqq x \leqq \pi$ の中の有限個の点を除いて $f(x) = g(x)$ が成り立つと

$$\int_{-\pi}^{\pi} f(x)dx = \int_{-\pi}^{\pi} g(x)dx$$

となることはよく知られている．フーリエ係数は積分によって定義されるのだから，$f(x)$ と $g(x)$ が $-\pi \leqq x \leqq \pi$ で有限個の点を除いて一致すれば，2 つの関数のフーリエ係数は一致してしまう．

　　そこで，フーリエ係数を問題にするときは，関数 $f(x)$ が有限個の点の上で，定義されていなくても，また，2 重に定義されていても，気にしないことにしよう．

　　その意味で，以下，どんな $L > 0$ をとってきても，$-L \leqq x \leqq L$ の中に

$$f(-x) = f(x)$$

を満たさない点が有限個しかないとき，関数 $f(x)$ は偶関数であるということにし

よう．同様に，奇関数の定義もゆるめて使うことにする．

[例1] (1) 関数 x は奇関数で，関数 $|x|$ は偶関数である(図1-5(a), (b))．
(2) $\cos nx\ (n=0, 1, 2, \cdots)$ は偶関数で，$\sin nx\ (n=1, 2, 3, \cdots)$ は奇関数である(図1-5(c), (d))．

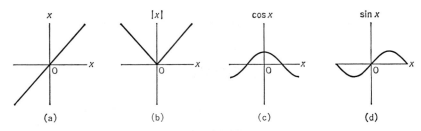

図 1-5　偶関数 ((b), (c)) と奇関数 ((a), (d))

偶関数，奇関数に関する大切な性質(property, P)を示しておこう．

(P 1) 関数 $f(x)$ を任意の関数とする．そのとき，
$$f_e(x) = \frac{f(x)+f(-x)}{2}, \quad f_o(x) = \frac{f(x)-f(-x)}{2}$$
はそれぞれ，偶関数および奇関数となる(添字 e は偶(even)，o は奇(odd)を表わす)．また，関数 $f(x)$ は関数 $f_e(x)$ と $f_o(x)$ を用いて，
$$f(x) = f_e(x) + f_o(x) \tag{1.12}$$
と表わせる．関数 $f_e(x)$ および関数 $f_o(x)$ をそれぞれ関数 $f(x)$ の**偶関数部分**および**奇関数部分**という(図1-6)．

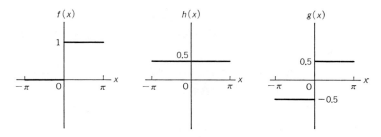

図 1-6　関数 $f(x)$ の偶関数部分 $h(x)$ と奇関数部分 $g(x)$．$f(x)=h(x)+g(x)$

（P 2） 偶関数と偶関数の積，および奇関数と奇関数の積は偶関数となり，偶関数と奇関数の積は奇関数となる．

（P 3） $f_e(x)$, $f_o(x)$ をそれぞれ偶関数，奇関数とする．このとき

$$\int_{-\pi}^{\pi} f_e(x)dx = 2\int_0^{\pi} f_e(x)dx$$

$$\int_{-\pi}^{\pi} f_o(x)dx = 0$$

フーリエ係数計算のコツ　以上の結果から，フーリエ係数を計算する際のコツをいくつかまとめることができる．

（コツ 1）　偶関数 $f_e(x)$ のフーリエ係数は，計算しなくても $b_n=0$ である．なぜなら，（P 2）から偶関数 $f_e(x)$ と奇関数 $\sin nx$ の積 $f_e(x)\sin nx$ は奇関数であり，したがって，（P 3）から，

$$b_n = \frac{1}{\pi}\int_{-\pi}^{\pi} f_e(x)\sin nxdx = 0$$

となる．また，

$$a_n = \frac{2}{\pi}\int_0^{\pi} f_e(x)\cos nxdx$$

となる．これも，関数 $f_e(x)\cos nx$ が偶関数となることに気がつけば，（P 3）より明らかであろう．

（コツ 2）　また，奇関数 $f_o(x)$ のフーリエ係数は，計算しなくても $a_n=0$ である．これも，関数 $f_o(x)\cos nx$ が奇関数となり，

$$\int_{-\pi}^{\pi} f_o(x)\cos nxdx = 0$$

となることから明らかであろう．また，

$$b_n = \frac{2}{\pi}\int_0^{\pi} f_o(x)\sin nxdx$$

となる．これは関数 $f_o(x)\sin nx$ が偶関数となることによる．

（コツ 3）　（P 1）により，任意の関数 $f(x)$ は

$$f(x) = f_e(x)+f_o(x)$$

と分解できる．ただし，関数 $f_e(x)$ と $f_o(x)$ はそれぞれ関数 $f(x)$ の偶関数部分

16 ——— **1** フーリエ級数

と奇関数部分で

$$f_{\mathrm{e}}(x) = \frac{f(x)+f(-x)}{2}, \quad f_{\mathrm{o}}(x) = \frac{f(x)-f(-x)}{2}$$

で与えられる．したがって，関数 $f(x)$ のフーリエ係数は

$$a_n = \frac{2}{\pi}\int_0^\pi f_{\mathrm{e}}(x)\cos nx\,dx$$

$$b_n = \frac{2}{\pi}\int_0^\pi f_{\mathrm{o}}(x)\sin nx\,dx$$

と計算することもできる．これは，（コツ1），（コツ2）の結果から明らかであろう．逆にいえば，関数 $f(x)$ のフーリエ係数を a_n と b_n とすれば，関数 $f(x)$ の偶関数部分 $f_{\mathrm{e}}(x)$ のフーリエ係数は a_n と 0 で，奇関数部分 $f_{\mathrm{o}}(x)$ のフーリエ係数は 0 と b_n である．

　（コツ4）　周期 2π の周期関数 $f(x)$ と $g(x)$ のフーリエ係数をそれぞれ，$a_n(f)$，$b_n(f)$ と $a_n(g)$, $b_n(g)$ とする．このとき，c と d を定数とするとき，関数 $cf(x)+dg(x)$ のフーリエ係数は，$ca_n(f)+da_n(g)$, $cb_n(f)+db_n(g)$ となる．

　この性質は**フーリエ係数の線形性**といわれ，フーリエ係数のもつ基本的な性質の1つである．

　フーリエ係数計算の例　以下，これらの結果を参考に周期 2π の周期関数のフーリエ級数展開をいくつか求めてみよう．

　［例2］　(1)　関数

$$f(x) = \begin{cases} 1 & (0 \le x < \pi) \\ 0 & (\pi \le x < 2\pi) \end{cases}$$

を $f(x+2\pi)=f(x)$ によって周期的に拡張した関数 $f(x)$ のフーリエ係数を求めてみよう．関数 $f(x)$ は，関数

$$g(x) = \begin{cases} \dfrac{1}{2} & (0 \le x < \pi) \\[2mm] -\dfrac{1}{2} & (-\pi \le x < 0) \end{cases}$$

を $g(x+2\pi)=g(x)$ によって周期的に拡張した奇関数 $g(x)$ に定数関数 $h(x)=1/2$

を足したもの，すなわち $f(x)=g(x)+h(x)$ である（図1-6参照）．ここで，定数関数 $h(x)$ のフーリエ係数は $a_0(h)=1$ でその他は 0 である．また，関数 $g(x)$ のフーリエ係数は，$g(x)$ が奇関数であることから，$a_n(g)=0$ で，

$$b_n(g) = \frac{2}{\pi}\int_0^\pi \frac{1}{2}\sin nx\,dx$$

$$= -\frac{1}{n\pi}[\cos nx]_0^\pi = -\frac{1}{n\pi}[(-1)^n - 1] = \begin{cases} \dfrac{2}{n\pi} & (n:\text{奇数}) \\ 0 & (n:\text{偶数}) \end{cases}$$

となる．したがって，(コツ4) より

$$a_n(f) = a_n(g) + a_n(h) = \begin{cases} 1 & (n=0) \\ 0 & (n \neq 0) \end{cases}$$

で，

$$b_n(f) = b_n(g) + b_n(h) = b_n(g)$$

となる．

以上から，関数 $f(x)$ のフーリエ級数展開は，

$$f(x) = \frac{1}{2} + \frac{2}{\pi}\left(\sin x + \frac{1}{3}\sin 3x + \frac{1}{5}\sin 5x + \cdots\right)$$

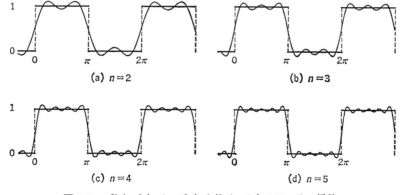

図 1-7　$f(x)=0\ (\pi \leq x < 2\pi)$, $1\ (0 \leq x < \pi)$ のフーリエ級数．この図では，$\dfrac{2}{\pi}\dfrac{1}{2n-1}\sin(2n-1)x$ の項までの部分和を示した．

18 ——— **1** フーリエ級数

と求められる（図1-7）.

(2) 関数
$$f(x) = |x| \qquad (-\pi \leqq x < \pi)$$
を $f(x+2\pi)=f(x)$ によって周期的に拡張した関数 $f(x)$ のフーリエ係数を求めよう. $f(x)$ は偶関数であるから，（コツ1）によって，$b_n=0\,(n=1,2,3,\cdots)$ となる. また，（コツ1）の後半の注意により

$$a_0 = \frac{2}{\pi}\int_0^\pi x dx = \pi$$

$$a_n = \frac{2}{\pi}\int_0^\pi x \cos nx dx = \frac{2}{\pi n}\left([x\sin nx]_0^\pi - \int_0^\pi \sin nx dx\right)$$

$$= \frac{2(\cos n\pi - 1)}{\pi n^2} = \frac{2\{(-1)^n - 1\}}{\pi n^2} = \begin{cases} 0 & (n:\text{偶数}) \\ -\dfrac{4}{\pi n^2} & (n:\text{奇数}) \end{cases}$$

となる. 以上から

$$f(x) = \frac{\pi}{2} - \frac{4}{\pi}\left(\cos x + \frac{\cos 3x}{3^2} + \frac{\cos 5x}{5^2} + \cdots\right)$$

を得る（図1-8）.

(3) 関数
$$f(x) = x \qquad (-\pi \leqq x < \pi)$$
を $f(x+2\pi)=f(x)$ によって周期的に拡張した関数 $f(x)$ のフーリエ級数展開を求めよう. 関数 $f(x)$ は奇関数であるから，$a_n=0$ で，

$$b_n = \frac{2}{\pi}\int_0^\pi x \sin nx dx$$

$$= \frac{2}{\pi n}\left(-[x\cos nx]_0^\pi + \int_0^\pi \cos nx dx\right)$$

$$= \frac{2}{\pi n}\left\{-\pi(-1)^n + \frac{1}{n}[\sin nx]_0^\pi\right\} = \frac{2(-1)^{n+1}}{n}$$

となる. したがって，

$$f(x) = 2\left(\sin x - \frac{\sin 2x}{2} + \frac{\sin 3x}{3} - \cdots\right)$$

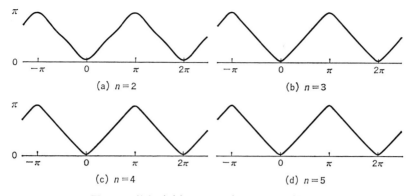

図 1-8　$f(x)=|x|\,(-\pi\leqq x<\pi)$ のフーリエ級数.
この図では，$-\dfrac{4}{\pi}\dfrac{\cos(2n-1)x}{(2n-1)^2}$ の項までの部分和を示した.

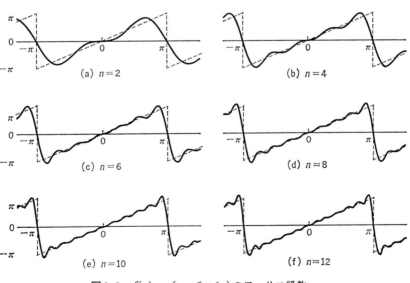

図 1-9　$f(x)=x\,(-\pi\leqq x<\pi)$ のフーリエ級数.
この図では，$2(-1)^{n+1}\dfrac{\sin nx}{n}$ の項までの部分和を示した.

20 ——— **1** フーリエ級数

を得る(図1-9). ▌

━━━━━━━━━━━━━━━━━━━━━━━ **問 題 1-3** ━━━━━━━━━━━━━━━━━━━━━━━

1. 次の関数のフーリエ級数展開を，本節で述べたコツを使って求めよ.

(1) $f(x)=x^2\ (-\pi\leqq x<\pi)$ を $f(x+2\pi)=f(x)$ によって周期的に拡張した関数 $f(x)$.

(2) $f(x)=|\sin x|$.

(3) $f(x)=x^3\ (-\pi\leqq x<\pi)$ を $f(x+2\pi)=f(x)$ によって周期的に拡張した関数 $f(x)$.

2. 例2の結果から，関数

$$f(x) = \begin{cases} x & (0\leqq x<\pi) \\ 0 & (-\pi\leqq x<0) \end{cases}, \quad f(x+2\pi) = f(x)$$

のフーリエ級数を(コツ4)により，積分の計算を行なうことなしに求めよ.

━━

1-4 フーリエ正弦展開とフーリエ余弦展開

フーリエ余弦展開　関数 $f(x)$ を $0\leqq x\leqq\pi$ 上で定義された関数とする. これを

$$f(-x) = f(x) \qquad (0\leqq x\leqq\pi)$$

によって，$-\pi\leqq x\leqq\pi$ 上の偶関数に拡張し，さらに，

$$f(x+2\pi) = f(x)$$

によって周期 2π の周期関数に拡張しよう(図1-10(a)). この周期関数のフーリエ級数展開を求めると，前節の結果により，

$$f(x) = \frac{a_0}{2} + \sum_{n=1}^{\infty} a_n \cos nx \tag{1.13a}$$

$$a_n = \frac{2}{\pi} \int_0^{\pi} f(x) \cos nx\, dx \tag{1.13b}$$

となる.これは,$0 \leq x \leq \pi$ 上では,もとの関数の展開になっている.これを $0 \leq x \leq \pi$ 上の関数 $f(x)$ の**フーリエ余弦級数展開**(Fourier cosine series expansion)あるいは簡単に**フーリエ余弦展開**という.余弦関数 $\cos nx$ を用いた展開であるので,この名前がついている.

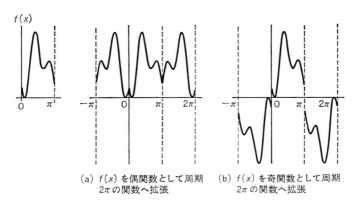

(a) $f(x)$ を偶関数として周期 2π の関数へ拡張　　(b) $f(x)$ を奇関数として周期 2π の関数へ拡張

図 1-10　区間 $0 \leq x \leq \pi$ の関数 $f(x)$ の,(a) 偶関数としての拡張と,(b) 奇関数としての拡張

例題 1.6　関数
$$f(x) = x \quad (0 \leq x \leq \pi)$$
をフーリエ余弦級数に展開せよ.

［解］定義より,余弦展開の係数 a_n を求めると
$$a_n = \frac{2}{\pi} \int_0^\pi x \cos nx\, dx$$

となる.1-3 節例 2 の (2) の結果から,

$n = 0$ のとき　　$a_0 = \pi$

$n \neq 0$ のとき　　$a_n = \begin{cases} 0 & (n:偶数) \\ -\dfrac{4}{\pi n^2} & (n:奇数) \end{cases}$

となる.以上から,関数 $f(x)$ のフーリエ余弦級数展開

22 —— **1** フーリエ級数

$$f(x) = \frac{\pi}{2} - \frac{4}{\pi}\left(\cos x + \frac{\cos 3x}{9} + \frac{\cos 5x}{25} + \cdots\right)$$

を得る．これは，前節で求めた関数 $|x|$ $(-\pi \leqq x < \pi)$ のフーリエ級数展開 と同じである．▌

例題 1.7 関数系 $\{1, \cos x, \cos 2x, \cdots\}$ は

$$\int_0^\pi \cos mx \cos nx \, dx = c_m \delta_{mn}$$

を満たすことを示せ．ただし，$m=0$ とき $c_m=\pi$，$m \neq 0$ のとき $\pi/2$ である．また，

$$\delta_{mn} = \begin{cases} 1 & (m=n) \\ 0 & (m \neq n) \end{cases}$$

はクロネッカー(L. Kronecker, 1823–1891)のデルタと呼ばれ，よく用いられる記号である．これはこの関数系が $0 \leqq x \leqq \pi$ 上の直交系であることを示している．また，フーリエ余弦係数は

$$a_n = (1+\delta_{0n})\frac{\displaystyle\int_0^\pi f(x) \cos nx \, dx}{\displaystyle\int_0^\pi \cos^2 nx \, dx}$$

で与えられることを示せ．

[解] 前半は1–2節での結果を利用して簡単に示すことができる．すなわち，関数 $\cos mx \cos nx$ は偶関数であるから，

$$\int_0^\pi \cos mx \cos nx \, dx = \frac{1}{2}\int_{-\pi}^\pi \cos mx \cos nx \, dx = c_m \delta_{mn}$$

となる．後半は，この結果と式(1.13)より明らかであろう．▌

フーリエ正弦展開 次にフーリエ正弦展開について述べよう．やはり関数 $f(x)$ を $0 \leqq x \leqq \pi$ 上で定義された関数とする．これを

$$f(-x) = -f(x) \qquad (0 \leqq x \leqq \pi)$$

によって，$-\pi \leqq x \leqq \pi$ 上の奇関数に拡張し，さらに，

$$f(x+2\pi) = f(x)$$

によって周期 2π の周期関数に拡張しよう(図 1-10(b))．この周期関数のフー

1-4 フーリエ正弦展開とフーリエ余弦展開 ——— 23

リエ級数展開を求めると，前節の結果により，

$$f(x) = \sum_{n=1}^{\infty} b_n \sin nx \tag{1.14a}$$

$$b_n = \frac{2}{\pi} \int_0^\pi f(x) \sin nx \, dx \tag{1.14b}$$

となる．これは，$0 \leq x \leq \pi$ 上では，もとの関数の展開になっている．これを $0 \leq x \leq \pi$ 上の関数 $f(x)$ の**フーリエ正弦級数展開**（Fourier sine series expansion）あるいは簡単に**フーリエ正弦展開**という．これも正弦関数 $\sin nx$ を用いた展開であるので，その名前がついている．

例題1.8 例題 1.6 で取り上げた関数

$$f(x) = x \qquad (0 \leq x \leq \pi)$$

をフーリエ正弦級数に展開せよ．

[解] 定義より，正弦展開の係数 b_n は

$$b_n = \frac{2}{\pi} \int_0^\pi x \sin nx \, dx$$

となる．1-3 節例 2 の (3) の結果から，右辺は $2(-1)^{n+1}/n$ となる．これから関数 $f(x)$ のフーリエ正弦級数展開

$$f(x) = 2\left(\sin x - \frac{\sin 2x}{2} + \frac{\sin 3x}{3} - \cdots \right)$$

を得る．これは，関数 $x \, (-\pi \leq x < \pi)$ のフーリエ級数展開と同じである．▊

〰〰〰〰〰〰〰〰〰〰〰〰〰〰〰〰〰〰 問 題 1-4 〰〰〰〰〰〰〰〰〰〰〰〰〰〰〰〰〰〰

1. 次の関数をフーリエ余弦級数とフーリエ正弦級数のいずれにも展開せよ．

(1) $f(x) = \begin{cases} 1 & (0 \leq x < \pi/2) \\ 0 & (\pi/2 \leq x \leq \pi) \end{cases}$

(2) $f(x) = x^2 \qquad (0 \leq x \leq \pi)$

2. 関数系 $\{\sin x, \sin 2x, \cdots\}$ は

$$\int_0^\pi \sin mx \sin nx \, dx = \frac{\pi}{2} \delta_{mn}$$

24 ─── **1** フーリエ級数

を満たすことを示せ．これはやはりこの関数系が$0 \leqq x \leqq \pi$上の直交系であること
を示している．また，フーリエ正弦係数は

$$b_n = \frac{\displaystyle\int_0^\pi f(x) \sin nx\,dx}{\displaystyle\int_0^\pi \sin^2 nx\,dx}$$

で与えられることを示せ．

1-5　一般の周期関数に対するフーリエ級数

任意の周期をもつ周期関数に対するフーリエ級数　関数$f(x)$を周期$2L$
($L>0$)の周期関数とし，この関数をフーリエ級数展開することを考えよう．周
期$2L$の周期関数は，変数xのスケールを変換すれば，周期2πの周期関数に変
換できることはすぐにわかるであろう．すなわち，$x=Lt/\pi$とすれば，tが2π
変化する間にxは$2L$変化する．したがって，関数$f(x)$の変数をスケール変
換して得られる関数$h(t)=f(Lt/\pi)$は，周期2πの周期関数となり

$$h(t) = \frac{a_0}{2} + \sum_{n=1}^\infty (a_n \cos nt + b_n \sin nt)$$

とフーリエ級数展開される．ここで，tを変数xに戻すと，$f(x)=h(\pi x/L)$に
より

$$f(x) = \frac{a_0}{2} + \sum_{n=1}^\infty \left(a_n \cos \frac{n\pi x}{L} + b_n \sin \frac{n\pi x}{L} \right) \tag{1.15}$$

となる．一方，フーリエ係数は

$$a_n = \frac{1}{\pi} \int_{-\pi}^\pi h(t) \cos nt\,dt$$

$$= \frac{1}{\pi} \int_{-L}^L h\left(\frac{\pi x}{L} \right) \cos \frac{n\pi x}{L} \frac{dt}{dx}\,dx$$

したがって

1-5 一般の周期関数に対するフーリエ級数 ── 25

$$a_n = \frac{1}{L}\int_{-L}^{L} f(x) \cos\frac{n\pi x}{L}\,dx$$
$$b_n = \frac{1}{L}\int_{-L}^{L} f(x) \sin\frac{n\pi x}{L}\,dx$$

(1.16)

となる.

[注意] (1)　周期 $2L$ の周期関数に対するフーリエ係数を，c を任意の定数として，

$$a_n = \frac{1}{L}\int_{c}^{c+2L} f(x) \cos\frac{n\pi x}{L}\,dx$$
$$b_n = \frac{1}{L}\int_{c}^{c+2L} f(x) \sin\frac{n\pi x}{L}\,dx$$

と計算してもよい.

(2)　$0 \leqq x \leqq L$ で定義される関数に対するフーリエ余弦展開を，次のように定義することができる.

$$f(x) = \frac{a_0}{2} + \sum_{n=1}^{\infty} a_n \cos\frac{n\pi x}{L}$$
$$a_n = \frac{2}{L}\int_{0}^{L} f(x) \cos\frac{n\pi x}{L}\,dx$$

(1.17)

また，フーリエ正弦展開は，

$$f(x) = \sum_{n=1}^{\infty} b_n \sin\frac{n\pi x}{L}$$
$$b_n = \frac{2}{L}\int_{0}^{L} f(x) \sin\frac{n\pi x}{L}\,dx$$

(1.18)

となる. ▌

━━━━━━━━━━━━━━━━━━━━━━ 問　題 1-5 ━━━━━━━━━━━━━━━━━━━━━━

1. 次の関数をフーリエ級数展開せよ.

(1)　$f(x) = x\,(-2 \leqq x < 2)$ を $f(x+4) = f(x)$ により周期的に拡張した周期 4 の周期関数 $f(x)$.

(2)　$f(x) = \cos x\,(-4 \leqq x < 4)$ を $f(x+8) = f(x)$ により周期的に拡張した周期

26 —— **1** フーリエ級数

8 の周期関数 $f(x)$.

2. 関数 $f(x)=e^x\,(0\leqq x\leqq 1)$ をフーリエ余弦級数およびフーリエ正弦級数に展開せよ.

1-6 フーリエ級数の収束性に関する定理とその応用

フーリエは，フーリエ級数に関する研究成果を『熱の研究』という本(これは後に，偉大な数学的詩であると讃えられるようになった)に著わし，いろいろな関数をフーリエ級数で表わすことができると主張した．しかし，前にも述べたように，収束性の厳密な証明はできなかった．このために，フーリエの仕事に感動した後世の数学者はフーリエ級数の収束性の証明を与えようと懸命に努力することになる．ディリクレ(P. G. L. Dirichlet, 1805–1859)もその一人である．

ディリクレは，ある広い条件の下でフーリエ級数が収束することを示すことに成功した．この条件はわかりやすく，また応用上現われる関数はほとんどディリクレの条件を満たす．ここでは証明をはぶき，ディリクレの結果について述べる．

各点収束 関数 $f(x)$ を周期 2π の周期関数とする．このとき，各点 x において関数 $f(x)$ のフーリエ級数展開

$$\frac{a_0}{2}+\sum_{n=1}^{\infty}(a_n\cos nx+b_n\sin nx) \tag{1.19}$$

が関数 $f(x)$ に収束するかどうかを考えよう．ただし，フーリエ係数は公式 (1.4) により求めるものとする．これを**各点収束の問題**という．ディリクレの結果は各点収束に関するものである．

区分的に滑らかな関数 ディリクレは，関数が**区分的に滑らか**(piecewise smooth)であるとして，そのフーリエ係数の収束性を示した．ここではその説明を行なおう．まず，**区分的に連続**(piecewise continuous)であることの定義から始める．

$-\pi \leqq x \leqq \pi$ 上の関数 $f(x)$ が区分的に連続であるとは，$f(x)$ が $-\pi \leqq x \leqq \pi$ で有限個の点を除いて連続で，不連続点 a において，右側からの極限値

$$\lim_{e \to 0} f(a+e) \quad (e>0)$$

と，左側からの極限値

$$\lim_{e \to 0} f(a-e) \quad (e>0)$$

の両者が存在して，有限な値を取ることをいう．

このような不連続点を**第1種の不連続点**という．以下，右側からの極限値を $f(a+0)$，左側からのそれを $f(a-0)$ と表わす．0は正の無限小を表わしている．区分的に連続な関数の例を図1-11に示す．

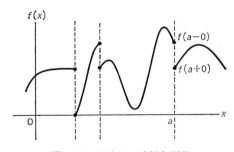

図1-11 区分的に連続な関数

[反例] 上述の意味をはっきりさせるために，区分的に連続でない関数の例を挙げよう．

$$f(x) = \tan x = \frac{\sin x}{\cos x}$$

は周期 π の周期関数である（図1-12）が，$\cdots, -3\pi/2, -\pi/2, \pi/2, 3\pi/2, \cdots$ で発散するので，上の定義にいう区分的に連続な関数ではない．

そして，区分的に連続な関数 $f(x)$ の導関数 $f'(x)$ がさらに区分的に連続なとき，関数 $f(x)$ は「区分的に滑らかである」という．

ディリクレ条件 関数 $f(x)$ が周期 2π の周期関数で区分的に滑らかなとき，$f(x)$ は「ディリクレ条件を満たす」という．ディリクレ条件を満たす関数 $f(x)$

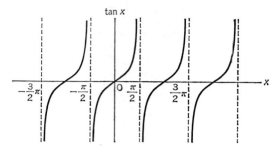

図 1-12　$\tan x$ は区分的に連続ではない．

のフーリエ級数展開は $-\pi \leq x \leq \pi$ 上のすべての点で収束し，(1.19) は，関数 f の連続な点 x では $f(x)$ に，不連続な点では

$$\frac{f(x+0)+f(x-0)}{2}$$

に収束する．理工学に現われるほとんどの関数はディリクレ条件を満たしているので，フーリエ級数は広い適用性があると考えてよい．

　この結果はさらに，いろいろと深められているが，直観的にいうと，周期関数でその関数のグラフの1周期分が有限の長さをもてば，フーリエ級数は収束すると考えてよいことが知られている（長さの定義できない曲線については第4章のコーヒー・ブレイク（122ページ）を参照）．

　以上の結果から直ちに得られる級数の値に関する面白い応用について例の形で示そう．

　［例1］　1-3節の例2の(2)で，関数 $|x|$ $(-\pi \leq x < \pi)$ を周期 2π の周期関数に拡張して，そのフーリエ級数展開を求めた．この関数はディリクレの条件を満たし，かつすべての点で連続であるので，上記の例の結果から，

$$|x| = \frac{\pi}{2} - \frac{4}{\pi}\left(\cos x + \frac{\cos 3x}{3^2} + \frac{\cos 5x}{5^2} + \cdots\right)$$

が $-\pi \leq x \leq \pi$ で成り立つ．ここで，$x=0$ とおいてみよう．すると

$$0 = \frac{\pi}{2} - \frac{4}{\pi}\left(1 + \frac{1}{3^2} + \frac{1}{5^2} + \cdots\right)$$

を得る．これから，

$$1 + \frac{1}{3^2} + \frac{1}{5^2} + \cdots + \frac{1}{(2n+1)^2} + \cdots = \frac{\pi^2}{8}$$

となることがわかる. これはちょっと予想外の面白い結果であろう. ▌

|||||||||||||||||||||||||||||||||||||||||||||| **問 題 1-6** ||||||||||||||||||||||||||||||||||||||||||||||

1. $0 \leqq x \leqq \pi$ で定義された区分的に滑らかな関数 $f(x)$ をフーリエ余弦展開したとき，級数は，点 0 では

$$f(0+0) = \lim_{e \to 0} f(0+e) \qquad (e>0)$$

に収束し，点 π では

$$f(\pi-0) = \lim_{e \to 0} f(\pi-e) \qquad (e>0)$$

に収束することを示せ. また，この関数 $f(x)$ をフーリエ正弦展開すると，点 0 および点 π では 0 に収束することを示せ.

2. 1-3 節例 2 の (1) の結果から，

$$1 - \frac{1}{3} + \frac{1}{5} - \cdots + \frac{(-1)^n}{2n+1} + \cdots = \frac{\pi}{4}$$

を示せ. また，$x^2 \, (-\pi \leqq x \leqq \pi)$ のフーリエ級数展開において $x=\pi$ とすると，どのような級数の公式が得られるか.

第	1	章	演	習	問	題

[1] 次の関数の基本周期を求めよ.

   (1) $f(x) = \sin 3x + \sin 5x + \cos 6x$

   (2) $f(x) = \sin\sqrt{2}\,x + \cos 3\sqrt{2}\,x$

   (3) $f(x) = h(ax)$. ただし $h(x)$ の基本周期は 2π で $a \neq 0$.

[2]
$$f(x) = \begin{cases} 1 & (-\pi/2 \leqq x < \pi/2) \\ 0 & (-\pi \leqq x < \pi \text{ 上のその他の } x) \end{cases}$$

を $f(x+2\pi) = f(x)$ によって周期 2π の周期関数に拡張した関数 $f(x)$ のフーリエ級数展

開を求めよ．

[3] $f(x)=e^x$ $(-\pi \leqq x < \pi)$ を $f(x+2\pi)=f(x)$ によって周期 2π の周期関数に拡張した関数 $f(x)$ のフーリエ級数展開を求めよ．また，$f(x)$ の偶関数部分 $f_e(x)$ と奇関数部分 $f_o(x)$ を示し，$f(x)$ のフーリエ級数展開の式から，$f_e(x)$ と $f_o(x)$ のフーリエ級数展開を求めよ．

2

フーリエ級数の
基本的性質

関数をフーリエ級数で展開すると，微分積分を簡単
に行なえる．本章では，このようなフーリエ級数の
基本的性質を明らかにしていく．理工学でなぜフー
リエ解析が有用となるのか，応用例を通じて理解し
よう．そのために，実際に手を動かして問題を解い
て欲しい．

32 ——— **2** フーリエ級数の基本的性質

2-1 フーリエ級数の微分積分

　フーリエ級数に展開することによって，関数の微分積分が極めて簡単になる．本節ではこの点について考えてみよう．

　微分とフーリエ係数　関数 $f(x)$ を連続な周期 2π の周期関数とし，そのフーリエ級数展開を

$$f(x) = \frac{a_0}{2} + \sum_{n=1}^{\infty} (a_n \cos nx + b_n \sin nx) \tag{2.1}$$

とする．関数 $f(x)$ の導関数 $f'(x)$ のフーリエ級数展開を求めるために，微分と和の順序を入れ換えて，先に各項を微分してから和を取ることを**項別微分**という．項別微分が可能ならば，関数 f の導関数のフーリエ級数展開は次のように求められる．

$$f'(x) = \sum_{n=1}^{\infty} (-na_n \sin nx + nb_n \cos nx)$$

　関数 $f(x)$ のフーリエ係数 a_n, b_n をそれぞれ $a_n(f)$, $b_n(f)$ と書くことにする．上の結果から関数 $f(x)$ の導関数 $f'(x)$ のフーリエ係数 $a_n(f')$ と $b_n(f')$ は

$$a_n(f') = nb_n(f), \quad b_n(f') = -na_n(f) \tag{2.2}$$

となることがわかる．すなわち，<u>関数 f を微分することは，フーリエ級数展開の側から見ると，そのフーリエ係数に定数 n または $-n$ をかけるという簡単な代数的操作に置き換えられる</u>のである．これこそが，微分方程式をとり扱うことの多い理工学において，フーリエ級数展開が有効となる大きな理由のひとつである．

　項別微分可能性　関数 $f(x)$ のフーリエ級数展開の項別微分可能性について吟味してみよう．導関数 $f'(x)$ がフーリエ級数展開できるとすると

$$\pi a_n(f') = \int_0^{2\pi} f'(x) \cos nx dx$$

ここで，$f'(x)$ が連続であるとすると，部分積分を行なうことにより

$$\pi a_n(f') = \left[f(x)\cos nx\right]_0^{2\pi} - \int_0^{2\pi} f(x)\{-n\sin nx\}\,dx$$

$$= f(2\pi) - f(0) + \int_0^{2\pi} n f(x)\sin nx\,dx$$

を得る．さらに関数 $f(x)$ は周期 2π の連続な周期関数であるとしているので，$f(2\pi)=f(0)$ が満たされ，上式から，$n=0,1,2,\cdots$ に対し

$$a_n(f') = nb_n(f)$$

が成り立つことがわかる．同様に，$n=1,2,\cdots$ に対し

$$\pi b_n(f') = \int_0^{2\pi} f'(x)\sin nx\,dx$$

$$= \left[f(x)\sin nx\right]_0^{2\pi} - \int_0^{2\pi} n f(x)\cos nx\,dx$$

により

$$b_n(f') = -na_n(f)$$

が成り立つことがわかる．

以上の議論をまとめると，次のように書ける．

連続な周期 2π の周期関数 $f(x)$ の導関数 $f'(x)$ が連続でフーリエ級数に展開できるとすれば

$$f'(x) = \sum_{n=1}^{\infty}(nb_n(f)\cos nx - na_n(f)\sin nx) \tag{2.3}$$

となる．すなわち，$f(x)$ のフーリエ級数 (2.1) は項別微分可能である．

例題 2.1 1-3 節末の問題 1-3 問 1 の (1) で，関数 $x^2\,(-\pi\leqq x<\pi)$ を周期的に拡張した関数のフーリエ級数展開を求めた（図 2-1）．これを項別微分することにより，関数 $x\,(-\pi\leqq x<\pi)$ のフーリエ級数展開を求めよ．

[解] $-\pi\leqq x<\pi$ のとき

$$x^2 = \frac{\pi^2}{3} - 4\left(\cos x - \frac{\cos 2x}{2^2} + \frac{\cos 3x}{3^2} - \cdots\right)$$

である．関数 x^2 を周期的に拡張した関数は連続だから項別微分可能であり，右辺を項別微分すると，$-\pi<x<\pi$ において

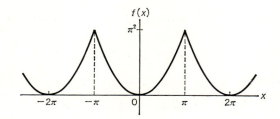

図 2-1　$f(x)=x^2$ $(-\pi \leqq x < \pi)$ を周期的に拡張した関数

$$2x = 4\left(\sin x - \frac{\sin 2x}{2} + \frac{\sin 3x}{3} - \cdots\right)$$

を得る．これは 1-3 節の例 2 の (3) の結果と一致する．∎

[例 1]　**項別微分ができない例**　関数
$$f(x) = x \qquad (-\pi \leqq x < \pi)$$
を，関係式
$$f(x+2\pi) = f(x)$$
によって周期関数に拡張した関数を考える（図 2-2）．このフーリエ級数展開
$$f(x) = 2\left(\sin x - \frac{1}{2}\sin 2x + \frac{1}{3}\sin 3x - \cdots\right)$$
の両辺をさらにもういちど微分してみよう．左辺を微分すると $f'(x)=1$ となる．また，右辺を項別微分すると
$$2(\cos x - \cos 2x + \cos 3x - \cdots)$$

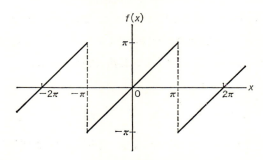

図 2-2　$f(x)=x$ $(-\pi \leqq x < \pi)$ を周期関数に拡張した関数

2-1 フーリエ級数の微分積分 ——— 35

となる. $n \to \infty$ のとき $\cos nx$ は 0 に収束しないので, この級数は収束しない. 特に, $x=0$ のときは

$$2(1-1+1-\cdots)$$

となって, 収束していないことがわかる. この場合, $f(x)=x\,(-\pi \leqq x < \pi)$ を周期的に拡張した関数は連続でないから, そのフーリエ級数は項別微分可能ではないのである. 一般に, 項別微分すると, n に比例した項がフーリエ係数にかかるので, 項別微分した級数はもとの級数に比べて収束速度が遅くなる. この例の場合には収束すらしなくなったのである. ▮

関数 $f(x)$ を周期 $2L$ の周期関数とする. このとき

$$a_n(f') = \frac{n\pi b_n(f)}{L}, \qquad b_n(f') = -\frac{n\pi a_n(f)}{L}$$

となる.

積分とフーリエ係数　次に, 周期 2π の周期関数 $f(x)$ の不定積分

$$F(x) = \int_0^x f(t)dt$$

のフーリエ係数を求めよう. 関数 $f(x)$ が区分的に連続であるという条件を仮定し,

$$f(x) = \frac{a_0}{2} + \sum_{n=1}^{\infty} (a_n \cos nx + b_n \sin nx) \tag{2.4}$$

とフーリエ級数に展開できたとしよう ($a_n(f)$, $b_n(f)$ を簡単のため a_n, b_n と書く). 式 (2.4) の右辺が項別積分可能, すなわち, まず項別に 0 から x まで積分し, 後に和を取ることができるとすると

$$F(x) = \frac{a_0 x}{2} + \sum_{n=1}^{\infty} \frac{a_n \sin nx - b_n(\cos nx - 1)}{n}$$

$$= \frac{a_0 x}{2} + \sum_{n=1}^{\infty} \frac{b_n}{n} + \sum_{n=1}^{\infty} \frac{a_n \sin nx - b_n \cos nx}{n}$$

となる. これから, 関係式

$$F(x) - \frac{a_0 x}{2} = \sum_{n=1}^{\infty} \frac{b_n}{n} + \sum_{n=1}^{\infty} \left(\frac{a_n}{n} \sin nx - \frac{b_n}{n} \cos nx \right)$$

を得る. これは関数

36 —— **2** フーリエ級数の基本的性質

$$G(x) = F(x) - \frac{a_0 x}{2} \tag{2.5}$$

のフーリエ級数展開の式になっている.

$$a_0(G) = 2\sum_{n=1}^{\infty} \frac{b_n}{n}, \quad a_n(G) = -\frac{b_n}{n}, \quad b_n(G) = \frac{a_n}{n} \quad (n=1,2,\cdots)$$

$$\tag{2.6}$$

これは，項別積分可能ならば，関数 f の不定積分を行なうことは，その関数のフーリエ係数を n に比例した数で割るという簡単な操作に置き換えられることを示している.

項別積分可能性　フーリエ級数展開が項別積分可能となる条件を吟味してみよう.　まず，関数 $f(x)$ が区分的に連続な周期 2π の周期関数であれば，関数 $G(x) = F(x) - a_0 x/2$ は周期 2π の周期関数で連続な区分的に滑らかな関数となり，したがって必ずフーリエ級数に展開できることを示そう.　(2.5)により

$$\begin{aligned}
G(x+2\pi) &= F(x+2\pi) - \frac{a_0}{2}(x+2\pi) \\
&= \int_0^{x+2\pi} f(x)dx - \frac{a_0}{2}(x+2\pi) \\
&= \int_0^{x} f(x)dx + \int_x^{x+2\pi} f(x)dx - \frac{a_0}{2}(x+2\pi) \\
&= G(x)
\end{aligned}$$

となる $\left(\because \int_x^{x+2\pi} f(x)dx = \int_0^{2\pi} f(x)dx = \pi a_0\right)$.　したがって関数 $G(x)$ が周期 2π の周期関数であることがわかる.　また，$G(x)$ は関数 $f(x)$ が連続な点では微分可能で $f(x)$ の第1種の不連続点では右および左側微係数をもつ.　よって関数 $G(x)$ は区分的に滑らかで，すべての x において

$$G(x) = \frac{a_0(G)}{2} + \sum_{n=1}^{\infty} (a_n(G)\cos nx + b_n(G)\sin nx) \tag{2.7}$$

とフーリエ級数に展開できる.

関数 $G(x)$ のフーリエ係数は部分積分により

$$a_n(G) = \frac{1}{\pi}\int_{-\pi}^{\pi} G(x)\cos nx dx$$

$$= \frac{1}{n\pi}\left\{ [G(x)\sin nx]_{-\pi}^{\pi} - \int_{-\pi}^{\pi} G'(x)\sin nxdx \right\}$$

$$= -\frac{1}{n\pi}\int_{-\pi}^{\pi}\left(f(x)-\frac{a_0}{2} \right)\sin nxdx$$

$$= -\frac{1}{n\pi}\int_{-\pi}^{\pi} f(x)\sin nxdx = -\frac{b_n}{n} \qquad (n\geqq1)$$

となる. 同様に

$$b_n(G) = \frac{a_n}{n}$$

これらを式(2.7)に代入すると

$$G(x) = \frac{a_0(G)}{2}+\sum_{n=1}^{\infty}\left(-\frac{b_n}{n}\cos nx+\frac{a_n}{n}\sin nx \right) \qquad (2.8)$$

となる. ここで, 式(2.5)より

$$G(2\pi) = F(2\pi)-\frac{a_0}{2}2\pi = 0$$

となるが, これと式(2.8)の右辺において $x=2\pi$ とおいたものを比較すると

$$\frac{a_0(G)}{2}+\sum_{n=1}^{\infty}\left(-\frac{b_n}{n} \right) = 0$$

すなわち

$$a_0(G) = 2\sum_{n=1}^{\infty}\frac{b_n}{n}$$

を得る. これらは項別に積分した結果と一致する.

以上をまとめると, 次のようになる.

関数 $f(x)$ が区分的に連続であれば, 関数 $f(x)$ のフーリエ係数を $a_n(f)$, $b_n(f)$ とするとき,

$$F(x) = \int_0^x f(x)dx$$

$$= \frac{a_0(f)}{2}x+\sum_{n=1}^{\infty}\frac{1}{n}\{a_n(f)\sin nx-b_n(f)(\cos nx-1)\}$$

が成立する. すなわち, 関数 $f(x)$ のフーリエ級数を項別積分したものに一致する.

38 —— **2** フーリエ級数の基本的性質

以上の議論において，関数 $f(x)$ のフーリエ級数は必ずしも収束していなくてもよいことに注意しよう．

例題2.2 例題2.1とは逆に，関数 $x\,(-\pi\leqq x<\pi)$ を周期 2π の周期関数に拡張した関数のフーリエ級数展開を項別積分することにより，関数 $x^2\,(-\pi\leqq x<\pi)$ を周期 2π の周期関数に拡張した関数のフーリエ級数展開を求めよ．

[解] $-\pi<x<\pi$ において

$$x = 2\Big(\sin x - \frac{\sin 2x}{2} + \frac{\sin 3x}{3} - \cdots\Big)$$

であった．関数 x を周期的に拡張した関数は区分的に連続であるから，項別に積分できて $-\pi\leqq x\leqq\pi$ において

$$\frac{x^2}{2} = 2\Big(-\cos x + \frac{\cos 2x}{2^2} - \frac{\cos 3x}{3^2} + \cdots\Big) + c$$

となる．c は，この式において $x=0$ とすれば

$$c = 2\Big(1 - \frac{1}{2^2} + \frac{1}{3^2} - \cdots + (-1)^{n+1}\frac{1}{n^2} + \cdots\Big)$$

と求められる．

さて，c は $x^2/2$ の $-\pi\leqq x\leqq\pi$ における平均値であるので，

$$c = \frac{1}{2\pi}\int_{-\pi}^{\pi}\frac{x^2}{2}\,dx = \frac{\pi^2}{6}$$

と求められる．これから副産物として

$$1 - \frac{1}{2^2} + \frac{1}{3^2} - \cdots + (-1)^{n+1}\frac{1}{n^2} + \cdots = \frac{\pi^2}{12}$$

を得る．∎

<hr>

|||||||||||||||||||||||||||||||||||||||||||||||||||||||||||||||||| **問　題 2-1** ||||||||||||||||||||||||||||||||||||||||||||||||||||||||

1. sin 関数の加法定理

$$\sin(x+y) = \sin x\cos y + \cos x\sin y$$
$$\sin(x-y) = \sin x\cos y - \cos x\sin y$$

を x について微分することにより，cos 関数の加法定理を導け．また，その逆を行

なえ.

2. 関数 $x^3-\pi^2 x$ $(-\pi \leqq x < \pi)$ を関係式 $f(x+2\pi)=f(x)$ によって周期的に拡張した関数に関するフーリエ級数展開（問題 1-3 問 1 の (3) 参照）を項別に微分して，関数 x^2 $(-\pi \leqq x < \pi)$ を $f(x+2\pi)=f(x)$ によって周期的に拡張した関数のフーリエ級数展開を求めよ.

3. 問 2 とは逆に，関数 x^2 $(-\pi \leqq x < \pi)$ を関係式 $f(x+2\pi)=f(x)$ によって周期的に拡張した関数に関するフーリエ級数展開を項別に積分して，関数 $x^3-\pi^2 x$ $(-\pi \leqq x < \pi)$ を $f(x+2\pi)=f(x)$ によって周期的に拡張した関数のフーリエ級数展開を求めよ.

2-2 複素フーリエ級数

フーリエ級数を，複素関数を使って複素形式に書き直しておくと，式の変形が簡単になる場合がある．本節では，フーリエ級数を，同等な複素フーリエ級数に書き直すことを勉強しよう.

オイラーの公式 フーリエ級数を複素形式に書き直すときに基礎となるのは，**オイラーの公式**である．オイラー (L. Euler, 1707-1783) は，いろいろな公式や定理，定数などにその名前が残っている有名な数学者である．オイラーの名のついたものを幾ついえるかで，どのくらい数学を勉強したかが分かるほどである．ここでいうオイラーの公式は

$$e^{ix} = \cos x + i \sin x \tag{2.9}$$

という公式のことである．ただし，i は虚数単位 $\sqrt{-1}$．これは大切な公式であり，この入門コースでも，『微分積分』，『複素関数』，『常微分方程式』などの巻で繰り返し出ている.

関数は，複素関数と見ることによって，その性質を数学的に深く理解できることが多い．本節ではオイラーの公式を利用して，フーリエ級数を複素形式に書き直す.

40 —— **2** フーリエ級数の基本的性質

複素フーリエ級数　オイラーの公式(2.9)において x を $-x$ で置きかえると

$$e^{-ix} = \cos(-x) + i\sin(-x) = \cos x - i\sin x \qquad (2.10)$$

式(2.9)と式(2.10)を加減することにより

$$\cos x = \frac{e^{ix}+e^{-ix}}{2}, \quad \sin x = \frac{e^{ix}-e^{-ix}}{2i} \qquad (2.11)$$

を得る．また，もっと一般的に，上の2つの公式の中の x を nx と書き直すと，ド・モアブル(de Moivre)の公式

$$\cos nx = \frac{e^{inx}+e^{-inx}}{2}, \quad \sin nx = \frac{e^{inx}-e^{-inx}}{2i}$$

を得る．これらをフーリエ級数の式

$$f(x) = \frac{a_0}{2} + \sum_{n=1}^{\infty}(a_n\cos nx + b_n\sin nx) \qquad (2.12)$$

に代入すると，この式の右辺は

$$\frac{a_0}{2} + \sum_{n=1}^{\infty}\left\{\frac{1}{2}(a_n-ib_n)e^{inx} + \frac{1}{2}(a_n+ib_n)e^{-inx}\right\} \qquad (2.13)$$

となる．ここで，複素フーリエ係数を

$$c_0 = \frac{a_0}{2}, \quad c_n = \frac{a_n-ib_n}{2}, \quad c_{-n} = \frac{a_n+ib_n}{2} \qquad (n=1,2,\cdots) \qquad (2.14)$$

と定義すると，式(2.12)は，式(2.13)，(2.14)により

$$f(x) = \sum_{n=-\infty}^{\infty} c_n e^{inx} \qquad (2.15)$$

と書き直される．これを**複素フーリエ級数**という．

式(2.14)で定義される複素フーリエ係数は，オイラーの公式(2.9)により

$$c_n = \frac{1}{2\pi}\int_{-\pi}^{\pi} f(x)(\cos nx - i\sin nx)dx$$

したがって

$$c_n = \frac{1}{2\pi}\int_{-\pi}^{\pi} f(x)e^{-inx}dx \qquad (2.16)$$

と書き直される. これを**複素フーリエ係数**という. これに対し, いままでのフーリエ係数を**実フーリエ係数**という. 実フーリエ係数に比べて, 複素フーリエ係数はシンプルな形をしている. これは, フーリエ係数を複素形式に書き直したことの第1の成果である.

同様に, 関数 $f(x)$ が周期 $2L$ の周期関数であるときには, 1-5節の議論から

$$f(x) = \sum_{n=-\infty}^{\infty} c_n e^{in(\pi/L)x}$$
$$c_n = \frac{1}{2L}\int_{-L}^{L} f(x)e^{-in(\pi/L)x}dx$$

(2.17)

となる. この式の導出は, 各自試みられたい.

以上で, フーリエ級数の複素形式への書き直しが完了したのであるが, 次の点を注意しておこう. 式(2.12)の右辺は無限級数の定義から, 正確には,

$$\lim_{N\to\infty}\left[\frac{a_0}{2} + \sum_{n=1}^{N}\{a_n\cos nx + b_n\sin nx\}\right]$$

(2.18)

であり, 複素フーリエ級数では, これは

$$\lim_{N\to\infty}\sum_{n=-N}^{N} c_n e^{inx}$$

(2.19)

に対応する. すなわち, 複素フーリエ級数の収束を実フーリエ級数の収束と一致させるためには, 複素フーリエ級数の収束は, 和の上限と下限をそれぞれ N と $-N$ に揃えて $N\to\infty$ としなければいけないのである.

理工学に現われる例 理工学では, c_n をスペクトル(spectrum)ということがある. 例えば, 太陽光はいろいろな周波数をもつ光の集まりであるが, 光の色はその周波数によって決まるので, いろいろな色の光が集まって太陽光となっているということができる. 太陽光をプリズムに通すと, 異なる周波数の光は屈折率が違うので, 虹のように, 色が分解して現われる. プリズムは**分光器**(spectroscope)の1つである. 分けられた光の分布がスペクトルである. 分光された n 番目の光の強度は, $|c_n|$ に比例する.

数学においても, 関数 $f(x)$ の複素フーリエ係数 c_n を求めることを,「関数 $f(x)$ のスペクトルを調べる」とか,「関数 $f(x)$ をスペクトルに分解する」とい

うことがある．

例題 2.3 関数 $f(x)$ が実数のときには，$c_{-n}=c_n{}^*$ となることを示せ．ただし，$c_n{}^*$ は c_n の複素共役（$c_n=a+ib$ のとき $c_n{}^*=a-ib$，ただし，a と b は実数）である．

［解］
$$c_{-n}=\frac{1}{2\pi}\int_{-\pi}^{\pi}f(x)e^{-i(-n)x}dx=\frac{1}{2\pi}\int_{-\pi}^{\pi}f(x)e^{inx}dx$$

である．一方

$$c_n{}^*=\left(\frac{1}{2\pi}\int_{-\pi}^{\pi}f(x)e^{-inx}dx\right)^*=\frac{1}{2\pi}\int_{-\pi}^{\pi}f^*(x)(e^{-inx})^*dx$$

となるが，関数 $f(x)$ が実関数で $f^*(x)=f(x)$，$(e^{-inx})^*=e^{inx}$ となることから，

$$c_{-n}=c_n{}^*$$

となることがわかる．このように，<u>実関数の複素フーリエ係数は n が非負のもの（負でないもの）だけ計算すれば，c_{-n} は計算しなくても，c_n の複素共役を取ることにより求められるのである</u>．∎

例題 2.4 電気工学では図 2-3(a) のような関数をのこぎり波といって，テレビの走査線を左右に振らしたりするのによく用いる．この走査線のもつスペクトルを調べよ．

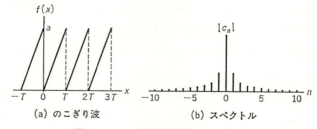

図 2-3　のこぎり波とそのスペクトル

［解］ $0\leq x<T$ のとき $f(x)=ax/T$ で，その他の x において $f(x+T)=f(x)$ である．例で述べたように，スペクトルを調べるということは，複素フーリエ係数 c_n を求めることである．公式 (2.17) において $2L=T$ とし，積分範囲を 0 から T とすれば

2-2 複素フーリエ級数 —— 43

$$c_n = \frac{1}{T}\int_0^T f(x)e^{-i2\pi nx/T}dx = \frac{a}{T^2}\int_0^T xe^{-i2\pi nx/T}dx$$

$n=0$ のときこの積分は簡単に実行できて $c_0=a/2$ となる. 一方, $n\neq0$ のときには, 部分積分により, 右辺は

$$= \frac{a}{T^2}\frac{T}{-i2\pi n}\left\{\left[xe^{-i2\pi nx/T}\right]_0^T - \int_0^T e^{-i2\pi nx/T}dx\right\}$$

$$= \frac{a}{-i2\pi nT}\left\{Te^{-i2\pi n} - \frac{T}{-i2\pi n}(e^{-i2\pi n}-1)\right\}$$

となる. $e^{-i2\pi n}=1$ であるから,

$$c_n = \frac{ia}{2\pi n}$$

となる(図 2-3(b)). ∎

複素フーリエ級数と直交関数系 複素フーリエ係数の公式は, 関数系 $\{e^{inx}\}$ が $-\pi\leqq x\leqq\pi$ 上の直交関数系となることからも導くことができる. この立場からすこし整理しよう.

指数関数系 $\{\cdots, e^{-2ix}, e^{-ix}, 1, e^{ix}, e^{2ix}, \cdots\}$ は, 性質

$$\int_{-\pi}^{\pi} e^{imx}(e^{inx})^* dx = \begin{cases} 2\pi & (m=n\ \text{のとき}) \\ 0 & (m\neq n\ \text{のとき}) \end{cases} \tag{2.20}$$

を任意の整数 m と n について満たしている. これを指数関数系 $\{e^{inx}, n=0, \pm1, \pm2, \cdots\}$ は $-\pi\leqq x\leqq\pi$ 上の複素直交関数系をなすという(直交関数系の詳細については第4章参照).

例題 2.5 指数関数の直交性(2.20)を示し, これから複素フーリエ係数の公式(2.16)を導け.

[解] $m=n$ のとき

$$\int_{-\pi}^{\pi} e^{imx}e^{-inx}dx = \int_{-\pi}^{\pi}dx = 2\pi$$

となる. 一方, $m\neq n$ のとき

$$\int_{-\pi}^{\pi} e^{i(m-n)x}dx = \frac{1}{i(m-n)}\left[e^{i(m-n)x}\right]_{-\pi}^{\pi}$$

44 ——— **2** フーリエ級数の基本的性質

となる．$e^{i(m-n)\pi} = e^{-i(m-n)\pi} = (-1)^{m-n}$ であるので，これは 0 となる．これで前半が示せた．

次に後半を示そう．周期 2π の周期関数 $f(x)$ が

$$f(x) = \sum_{n=-\infty}^{\infty} c_n e^{inx}$$

とかけたとする．この式の両辺に関数 e^{-imx} をかけ $-\pi$ から π まで積分すると，いま証明した指数関数系の直交性を用いて

$$\int_{-\pi}^{\pi} f(x)e^{-imx}dx = \int_{-\pi}^{\pi}\left(\sum_{n=-\infty}^{\infty} c_n e^{inx}\right)e^{-imx}dx = \sum_{n=-\infty}^{\infty} c_n \int_{-\pi}^{\pi} e^{inx}e^{-imx}dx$$

$$= 2\pi \sum_{n=-\infty}^{\infty} c_n \delta_{mn} = 2\pi c_m$$

を得る．これは複素フーリエ係数の公式に一致する． ▮

複素フーリエ級数の微分積分　複素フーリエ級数に対しては前節で論じたような，微分積分に関連する公式が極めて簡潔となる．

いま，周期 2π の周期関数 $f(x)$ が

$$f(x) = \sum_{n=-\infty}^{\infty} c_n e^{inx}$$

と複素フーリエ級数に展開できるとしよう．この右辺が項別に微分できるとすると

$$f'(x) = \sum_{n=-\infty}^{\infty} inc_n e^{inx}$$

となる．したがって，関数 f の複素フーリエ係数 c_n を $c_n(f)$ と書くことにすると，上の結果から

$$c_n(f') = inc_n(f) \tag{2.21}$$

となることがわかる．このように，複素フーリエ係数に関する公式は極めて簡単になるのである．関数 $f(x)$ の複素フーリエ級数展開がいつ項別微分可能になるかは前節の実フーリエ級数に対する議論とまったく同じである．

次に，項別積分について考えてみよう．周期 2π の周期関数 $f(x)$ が

$$f(x) = \sum_{n=-\infty}^{\infty} c_n e^{inx}$$

とフーリエ級数に展開できたとしよう. 関数 f を不定積分した関数を

$$F(x) = \int_0^x f(x)dx \tag{2.22}$$

とする. 関数 $f(x)$ の複素フーリエ級数展開が項別に積分できるとすると

$$F(x) = c_0 x + \sum_{n=-\infty}^{\infty}{}' \frac{c_n(e^{inx}-1)}{in}$$

$$= c_0 x - \sum_{n=-\infty}^{\infty}{}' \frac{c_n}{in} + \sum_{n=-\infty}^{\infty}{}' \frac{c_n e^{inx}}{in}$$

となる. ただし, $\sum'$ は $n=0$ を除く和を意味するものとする. これから

$$c_0(F(x)-c_0(f)x) = -\sum_{n=-\infty}^{\infty}{}' \frac{c_n(f)}{in}$$

$$c_n(F(x)-c_0(f)x) = \frac{c_n(f)}{in} \qquad (n=1,2,\cdots) \tag{2.23}$$

を得る. この式は, <u>関数 f の不定積分を行なうことは, その関数のフーリエ係数を in で割るという簡単な操作に置き換えられる</u>ことを示している. 関数 $f(x)$ の複素フーリエ級数展開が項別積分できるための議論は, 実フーリエ級数に対するものとまったく同じになる.

―――――――――――――――――――――――――― **問 題 2-2** ――――――――――――――――――――――――――

1. 周期関数 $f(x)$ が偶関数であれば, その複素フーリエ係数 c_n は実数となることを示せ. また, 奇関数であれば純虚数となることを示せ.

2. オイラーの公式を利用して, 次の関数の複素フーリエ級数展開を求めよ.

(1) $\cos^3 x$ 　　　(2) $\sin^4 x$

3. 電気工学では, $a\cos x$ のように, 正負の値を取る関数の負の部分を反転して, $a|\cos x|$ のような出力を出す回路を整流回路という. $a\cos x$ を入力したときの整流回路の出力 $f(x)=a|\cos x|$ のスペクトルを求めよ.

2-3　線形システム

いままでの結果を利用して周期的な外力(これを**励振**ともいう)を受ける線形システムの解析を行なってみよう．

線形 *RLC* 回路　線形電気回路の解析から始めよう．例として図2-4のような周期的に変化する電圧源が印加された *RLC* 直列回路を考える．キャパシタに保えられる電荷を $q(t)$，電圧源を $v(t)$ とすると，回路方程式はキルヒホッフ(Kirchhoff)の法則により

$$L\frac{d^2q(t)}{dt^2}+R\frac{dq(t)}{dt}+\frac{1}{C}q(t)=v(t) \qquad (2.24)$$

で与えられる．回路に流れる電流は $i(t)=dq(t)/dt$ と計算される．

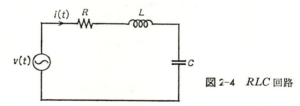

図2-4　*RLC* 回路

上式において，電圧源を $v(t)=v_1(t)$，$v(t)=v_2(t)$ としたときの解をそれぞれ $q_1(t)$，$q_2(t)$ とすると，電圧源が

$$v(t)=a_1v_1(t)+a_2v_2(t) \qquad (a_1, a_2=定数)$$

のときの解は

$$q(t)=a_1q_1(t)+a_2q_2(t)$$

と表わされる．これが，方程式(2.24)の特徴であり，この性質を**線形性**(linearity)という．また，このような線形性をもつ系を**線形システム**(linear system)という．線形性により，いくつかの解を足し合わせて(重ね合わせて)新しい解をつくることを，**重ね合わせの原理**と呼ぶ．これは以下で大切な働きをする基本的な概念である．

定常解　いま，電圧源 $v(t)$ が角周波数 ω の周期波形であるとしよう．すなわ

ち，$v(t)$ は周期 $T = 2\pi/\omega$ の周期関数

$$v\left(t + \frac{2\pi}{\omega}\right) = v(t)$$

とする．2-2節で述べたように，微分積分を行なう際には複素フーリエ級数が便利であるから，$v(t)$ を複素フーリエ級数に展開しよう．

$$v(t) = \sum_{n=-\infty}^{\infty} V_n e^{in\omega t} \tag{2.25}$$

ここで

$$V_n = |V_n| e^{i\phi_n}$$

は複素数であり，**複素振幅** と呼ばれる．回路方程式(2.24)の線形性から，式(2.24)の右辺の $v(t)$ を $V_n e^{in\omega t}$ で置き換えた式

$$L \frac{d^2 q_n(t)}{dt^2} + R \frac{dq_n(t)}{dt} + \frac{1}{C} q_n(t) = V_n e^{in\omega t} \tag{2.26}$$

の解 $q_n(t)$ を求め，その解を

$$q(t) = \sum_{n=-\infty}^{\infty} q_n(t) \tag{2.27}$$

と重ね合わせれば，式(2.24)の解が得られることがわかる．これは式(2.24)の1つの特解を与える．

　[注意] 式(2.24)の一般解は，式(2.24)の右辺を0と置いた式（これを同次方程式という）の一般解に，式(2.24)の任意の特解を重ね合わせたものとして得られる．物理的直観でいえば，式(2.24)の同次方程式の解は励振のないときの解であるから，時間がたてば減衰する振動などの過渡的な現象を表わしていると考えられる．これに対し，特解は励振によって生じる定常的な現象を表わしている．▌

　さて，以上のような方針で式(2.24)の特解を求めよう．式(2.26)の形から

$$q_n(t) = Q_n e^{in\omega t} \tag{2.28}$$

と置いてみる．ここに，

$$Q_n = |Q_n| e^{i\phi_n}$$

は電流の複素振幅である．式(2.28)を式(2.26)に代入すると

48 ——— **2** フーリエ級数の基本的性質

$$\left(-n^2\omega^2L+in\omega R+\frac{1}{C}\right)Q_n = V_n \tag{2.29}$$

を得る. 式(2.29)から

$$Q_n = \frac{CV_n}{1-n^2\omega^2LC+in\omega RC} \tag{2.30}$$

となる.

以上から式(2.24)の特解として

$$q(t) = \sum_{n=-\infty}^{\infty} \frac{CV_n e^{in\omega t}}{1-n^2\omega^2LC+in\omega RC}$$

が得られた. このように, フーリエ級数展開を用いれば, 微分積分は単に, フーリエ係数に $i\omega$ をかけたり, 割ったりする操作に置き換わるので, 線形回路方程式は代数的操作だけで, 容易に解けることがわかった.

例題 2.6 図 2-4 の回路に, のこぎり波

$$v(t) = \frac{at}{T} \qquad (0\leqq t<T)$$

$$v\left(t+\frac{2\pi}{\omega}\right) = v(t), \qquad \omega = \frac{2\pi}{T}$$

を加えたときの, 定常解 $q(t)$ を求めよ.

[解] 前節の例題 2.4 において, $x=t$ とおくと, $f(x)=v(t)$ となる. したがって $v(t)$ のフーリエ級数展開は

$$v(t) = \frac{a}{2}+\sum_{n=-\infty}^{\infty}{}' \frac{ia}{2\pi n} e^{in\omega t}$$

と求められる. ただし, $\sum'$ は $n=0$ を除く和を表わすものとする. これから

$$q(t) = \frac{aC}{2}+\sum_{n=-\infty}^{\infty}{}' \frac{iaC}{2\pi n(1-n^2\omega^2LC+in\omega RC)} e^{in\omega t}$$

$$= \frac{aC}{2}+\sum_{n=1}^{\infty} \frac{aC}{\pi n\sqrt{(1-n^2\omega^2LC)^2+n^2\omega^2R^2C^2}} \cos(n\omega t+\delta_n)$$

と求められる. ただし,

$$\delta_n = \tan^{-1}\left(\frac{1-n^2\omega^2LC}{n\omega RC}\right)$$

2-3 線形システム —— 49

である. ▌

線形システム 以上の結果をすこし一般化してみよう. 以上の例では入力として電圧 $v(t)$ を加えたときの出力として電荷 $q(t)$ が得られていると考えることができよう. この入力から出力への対応関係を

$$q(t) = \mathrm{T}[v(t)]$$

と書くことにする. T は関数関係とか微分演算とかを意味する. 数学的には, T は $v(t)$ から $q(t)$ を決める規則を与えている. これを v から q への**写像** (map) という. 上の電気回路の例では, 与えられた v をもとに微分方程式 (2.24) を解いて q を求めた.

電気回路の例の場合, a を複素数として, この T は

(1) $\mathrm{T}[av(t)] = a\mathrm{T}[v(t)]$

(2) $\mathrm{T}[v_1(t)+v_2(t)] = \mathrm{T}[v_1(t)]+\mathrm{T}[v_2(t)]$

を満たしている. 一般に, 図 2-5 のように, 入力 $x(t)$ に対し出力 $y(t)$ を対応させるシステム

$$y(t) = \mathrm{T}[x(t)] \tag{2.31}$$

が, 性質

(S1) $\mathrm{T}[ax(t)] = a\mathrm{T}[x(t)]$

(S2) $\mathrm{T}[x_1(t)+x_2(t)] = \mathrm{T}[x_1(t)]+\mathrm{T}[x_2(t)]$

を満たすとき, これを**線形システム**という. 先の RLC 回路は線形システムである.

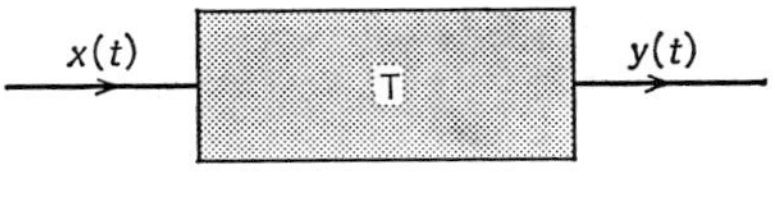

図 2-5 線形システム

入力 $x(t)$ が周期関数で

$$x(t) = \sum_{n=-\infty}^{\infty} X_n e^{in\omega t}$$

で与えられるとする. このとき, 線形システムの出力 $y(t)$ は

$$y(t) = \sum_{n=-\infty}^{\infty} X_n \mathrm{T}[e^{in\omega t}]$$

50 —— **2** フーリエ級数の基本的性質

で与えられる．すなわち，システムの $e^{in\omega t}$ に対する応答 $T[e^{in\omega t}]$ がわかっていれば，一般の周期入力 $x(t)$ に対する応答 $y(t)$ が調べられる．

―――――――――――――――― 問　題 2-3 ――――――――――――――――

1. 本節で示した RLC 回路に，右図に示すような方形波列が入力されたときの定常出力 $q(t)$ を求めよ．

2. 次図に示すような機械系に角周波数 ω の外力 $f(t)$ が加えられたとき，系は微分方程式
$$mx'' + rx' + kx = f(t)$$
に従う．ただし，m は質点の質量，r は摩擦係数，k はバネ定数である．
$$f(t) = |\cos \omega t|$$
であるとして，定常出力を求めよ．

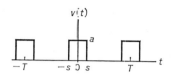

問 1　入力方形波

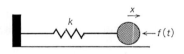

問 2　摩擦のあるバネの運動

2-4 ディラックのデルタ関数

x 軸上に広がった 1 次元空間を考え，この 1 次元空間上に物質が分布している様子を表わす関数を $p(x)$ としよう．$p(x)$ は分布関数と呼ばれる．いま，x 軸の原点を中心として $2m$ の幅の中に単位長当り $1/2m$ の質量が分布しているとしよう（図 2-6）．このとき分布関数は

$$p(x, m) = \begin{cases} 1/2m & (-m \leq x \leq m) \\ 0 & (その他の x) \end{cases} \tag{2.32}$$

となる．$p(x, m)$ を $-\infty$ から ∞ まで積分すると

$$\int_{-\infty}^{\infty} p(x, m) dx = 1 \tag{2.33}$$

となるが，これは分布している物質の総質量が 1 となることを表わしている．ここで $\phi(x)$ を x 軸上で定義された滑らかな関数とし，$\phi(x)$ に重み $p(x, m)$ を

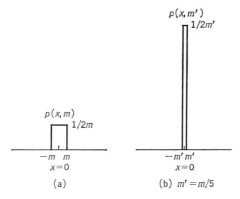

図 2-6 関数 $p(x, m)$ のディラックのデルタ関数への収束

つけて $-\infty$ から ∞ まで積分することを考える．積分の平均値の定理によって，$-m$ と m の間の適当な $y(-m \leqq y \leqq m)$ をとると

$$\int_{-\infty}^{\infty} \phi(x) p(x, m) dx = \int_{-m}^{m} \phi(x) p(x, m) dx$$
$$= \frac{\phi(y)}{2m} 2m = \phi(y) \qquad (2.34)$$

となる．

さて，原点に置かれた単位質量をもつ質点を表わす分布関数は $p(x, m)$ において m を 0 に近づけた極限と考えることができる．このとき

$$\lim_{m \to 0} p(x, m) = \begin{cases} \infty & (x = 0) \\ 0 & (x \neq 0) \end{cases}$$

となって，$p(x, 0)$ は $x=0$ で値として無限大をとる特異な関数となり，通常の関数としては意味のないものとなってしまうことがわかる．

イギリスの物理学者ディラック(P. A. M. Dirac, 1902-84)は，このような特異な関数を**デルタ関数**($\delta(x)$ と書く)と呼び，普通の関数と一緒に共存させようではないかと提案した．ただし，このような関数の値を考えると，∞ といった困った問題にぶつかるので，その値を問題にすることはやめて，むしろ式(2.33)において $m \to 0$ とした

52 —— **2** フーリエ級数の基本的性質

$$\int_{-\infty}^{\infty} \delta(x)dx = 1 \tag{2.35}$$

や，式(2.34)において $m\to0$ とした

$$\int_{-\infty}^{\infty} \phi(x)\delta(x)dx = \phi(0) \tag{2.36}$$

のように，滑らかで性質のよい関数 $\phi(x)$ との積の積分を考えればよい場面だけ
で用いようと提案したのである．式(2.36)において $\phi(x)=1$ とすれば式(2.35)
がでるので，ディラックは式(2.36)を彼のデルタ関数の定義式とした．

このことを少しくわしく述べよう．そのために，ディラックのデルタ関数を
含むような一般化された関数(超関数という)を次のように定義しよう．いま，
$\phi(x)$ を $|x|\to\infty$ で x の任意の多項式の逆数よりも速く0に収束するような，何
回でも微分できる関数としよう．これを簡単に「良い関数」という．このよう
な $\phi(x)$ に対し，積分

$$\int_{-\infty}^{\infty} \phi(x)f(x)dx$$

が有限となる $f(x)$ を**超関数**(distribution)と定義する．$f(x)$ が多項式のような
普通の関数であれば，上の積分は有限の値となるので，普通の関数は超関数と
なる．また，ディラックのデルタ関数($f(x)=\delta(x)$ の場合)は，積分の値として
$\phi(0)$ を与えるので，超関数である．超関数はこのように，良い関数 $\phi(x)$ との
積分が有限となるものを関数と考えることにより，関数の概念を拡張したもの
である．

2つの超関数 $f(x)$ と $g(x)$ が等しいとは，任意の良い関数 $\phi(x)$ に対して

$$\int_{-\infty}^{\infty} \phi(x)f(x)dx = \int_{-\infty}^{\infty} \phi(x)g(x)dx \tag{2.37}$$

が成り立つことであると定義する．すなわち，関数の各点 x での値を問題にす
るのではなく，良い関数との積の積分の値を問題にし，これが等しくなるよう
な2つの関数は等しいと考えるのである．$f(x)=g(x)$ が普通の関数の意味で，
すなわち，各 $-\infty<x<\infty$ について $f(x)=g(x)$ が成り立てば，式(2.37)が成
立するから，超関数の意味でも $f=g$ となることがわかる．

超関数を考えることの利点は多くあるが，不連続な関数の微分を考えることができるようになることもその1つである．例を示そう．

[例 1]
$$u(x) = \begin{cases} 1 & (x \geqq 0) \\ 0 & (x < 0) \end{cases}$$

という関数 $u(x)$ を**単位の階段関数**とか**ヘビサイド (Heaviside) 関数**という(図 2-7)．

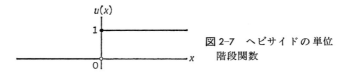

図 2-7 ヘビサイドの単位階段関数

$u(x)$ は $x=0$ で不連続となるので，普通の意味では $x=0$ で微分不可能であるが，ディラックのデルタ関数を用いれば $u'(x) = \delta(x)$ と表わせる．実際，良い関数 $\phi(x)$ に対し

$$\int_{-\infty}^{\infty} u'(x)\phi(x)dx$$

は部分積分により，

$$[u(x)\phi(x)]_{-\infty}^{\infty} - \int_{-\infty}^{\infty} u(x)\phi'(x)dx = -\int_{0}^{\infty} \phi'(x)dx$$
$$= -\phi(\infty) + \phi(0) = \phi(0)$$

となり，$u'(x) = \delta(x)$ となることがわかる．∎

この結果は重要である．<u>ディラックのデルタ関数を用いれば不連続関数の微分が求められる</u>ことを意味しているからである．

例えば，次の関数

$$f(x) = \begin{cases} x+2 & (0 \leqq x < \infty) \\ x & (-\infty < x < 0) \end{cases}$$

において，ヘビサイド関数 $u(x)$ を用いて $f(x) = x + 2u(x)$ と書けるから，その微係数は

$$f'(x) = 1 + 2u'(x) = 1 + 2\delta(x)$$

と求められる(図 2-8)．

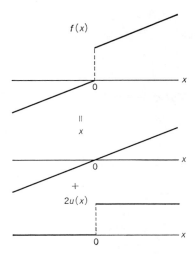

図 2-8 $f(x)=x+2u(x)$

一般に点 $x_1, x_2, \cdots, x_n$ で飛び $d_1, d_2, \cdots, d_n$ をもつ区分的に滑らかな関数 $f(x)$ は，連続な関数 $g(x)$ とヘビサイドの単位階段関数 $u(x)$ を用いて

$$f(x) = g(x)+\sum_{m=1}^{n}d_m u(x-x_m)$$

と書ける．この結果から，関数 $f(x)$ の微係数は

$$f'(x) = g'(x)+\sum_{m=1}^{n}d_m \delta(x-x_m)$$

で与えられる．

周期的なデルタ関数　さて，デルタ関数は非周期的な関数であるが，

$$\delta_T(x) = \sum_{n=-\infty}^{\infty}\delta(x-nT) \tag{2.38}$$

は，$\delta(x-nT)$ が $x=nT$ においてピークをもつインパルスの列であるから，図 2-9 に示されるような周期 T の周期関数である．

図 2-9 関数 $\delta_T(x)$（矢印はデルタ関数を示す）

2-4 ディラックのデルタ関数 ── 55

そこで $\delta_T(x)$ のフーリエ級数展開を形式的に求めてみよう. この場合, フーリエ係数は

$$a_0 = \frac{2}{T}\int_{-T/2}^{T/2}\delta_T(x)dx = \frac{2}{T}$$

$$a_n = \frac{2}{T}\int_{-T/2}^{T/2}\delta_T(x)\cos\frac{2\pi n}{T}x dx$$

$$= \frac{2}{T}\int_{-T/2}^{T/2}\delta(x)\cos\frac{2\pi n}{T}x dx = \frac{2}{T}\cos 0 = \frac{2}{T}$$

$$b_n = \frac{2}{T}\int_{-T/2}^{T/2}\delta_T(x)\sin\frac{2\pi n}{T}x dx$$

$$= \frac{2}{T}\int_{-T/2}^{T/2}\delta(x)\sin\frac{2\pi n}{T}x dx = \frac{2}{T}\sin 0 = 0$$

であるから, 関数 $\delta_T(x)$ のフーリエ級数展開は

$$\delta_T(x) = \frac{1}{T} + \frac{2}{T}\sum_{n=1}^{\infty}\cos\frac{2\pi n}{T}x \tag{2.39}$$

と得られる. ただし, この式の右辺は $\cos(2\pi nx/T)\to 0\,(n\to\infty)$ とならないので, 普通の意味では収束級数ではない. すなわち, この級数展開は形式的なものである.

例題 2.7 式 (2.39) を利用して, 次の関数のフーリエ級数展開を求めよ.

$$f(x) = \begin{cases} 1 & (-a\leqq x < a) \\ 0 & (\text{その他の } -T/2\leqq x < T/2) \end{cases}$$

を, $f(x+T)=f(x)$ によって周期 T の周期関数に拡張した関数 $f(x)$. ただし, $0 < a < T/2$.

[解] パルス列を表わす関数 $f(x)$ は 0 から 1 への飛びを $x = -a+nT$ に, 1 から 0 への飛びを $a+nT$ にもつ (図 2-10 参照) ので, $f(x)$ を微分すると

$$f'(x) = \sum_{n=-\infty}^{\infty}\{\delta(x+a-nT)-\delta(x-a-nT)\}$$

となる. 式 (2.38) から, さらにこの式の右辺は

$$= \delta_T(x+a)-\delta_T(x-a)$$

となることがわかる. $\delta_T(x)$ のフーリエ級数展開は式 (2.39) となるので

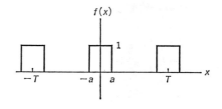

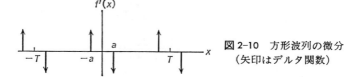

図 2-10 方形波列の微分
（矢印はデルタ関数）

$$f'(x) = \frac{2}{T}\sum_{n=1}^{\infty}\left[\cos\left\{\frac{2\pi n}{T}(x+a)\right\} - \cos\left\{\frac{2\pi n}{T}(x-a)\right\}\right]$$

$$= -\frac{4}{T}\sum_{n=1}^{\infty}\sin\left(\frac{2\pi n}{T}a\right)\sin\left(\frac{2\pi n}{T}x\right)$$

を得る．これを 0 から x まで項別に積分すると

$$f(x) = \frac{2}{\pi}\sum_{n=1}^{\infty}\frac{1}{n}\sin\left(\frac{2\pi n}{T}a\right)\cos\left(\frac{2\pi n}{T}x\right) + c$$

を得る．c は積分定数であるが $f(x)$ の平均値であるので，$c = 2a/T$ となる．∎

この例題においては $f'(x)$ のフーリエ級数は収束していないが，項別積分するとフーリエ係数を $1/n$ 倍することになるので，$f(x)$ のフーリエ級数は収束する．この方法で簡単にフーリエ級数展開が求められることがよくあり，知っていると便利な方法である．

なお，$\delta_T(x)$ はフーリエ級数の収束性を考えるときにも重要となる．この点については巻末の「さらに勉強するために」で触れよう．

━━━━━━━━━━━━━━━━ 問 題 2-4 ━━━━━━━━━━━━━━━━

1. 次のデルタ関数のもつ性質を示せ．

(1) $x\delta(x) = 0$ (2) $\delta(ax) = \dfrac{1}{|a|}\delta(x)$

2. 例題 2.7 と同様にして,関数 $f(x)=|x|\,(-T/2<x<T/2)$, $f(x+T)=f(x)$ のフーリエ級数展開を求めよ.

2-5 ギブス現象

ギブス現象 フーリエ級数展開の第1種の不連続点(27ページ参照)での振舞いについて調べよう. まず,次の例を考える.

[例1] 次の関数
$$f(x) = \begin{cases} 1 & (0 \leqq x < \pi) \\ -1 & (-\pi \leqq x < 0) \end{cases}$$
をフーリエ級数展開すると
$$f(x) = \frac{4}{\pi}\left(\sin x + \frac{1}{3}\sin 3x + \frac{1}{5}\sin 5x + \cdots\right)$$
となることは 1-3 節の例 2(1) で計算した. この関数は $x=0$ と $x=\pm\pi$ で不連続点をもつ. 0 と π の収束の様子は対称であるから, $x=0$ での級数の収束の様子を調べてみよう. 1-6 節の議論から,関数 $f(x)$ は区分的に滑らかであるから, $x=0$ では,級数は $\{f(0-0)+f(0+0)\}/2=0$ に収束するはずである. この収束の様子を図 2-11 に示した. ただし

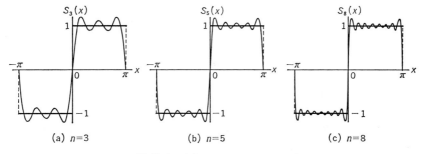

図 2-11 $f(x)=\begin{cases}1\,(0\leqq x<\pi)\\-1\,(-\pi\leqq x<0)\end{cases}$ のフーリエ級数の部分和 $S_n(x)$

$$S_n(x) = \frac{4}{\pi}\left(\sin x + \frac{1}{3}\sin 3x + \frac{1}{5}\sin 5x + \cdots + \frac{1}{2n-1}\sin(2n-1)x\right)$$

とする. 第 n 項までの部分和 $S_n(x)$ は各点 x で関数 $f(x)$ に収束するが, 不連続点の近くでのトゲは, n を大きくすると, 幅はせまくなるが, 高さは決して 0 にはならない.

これは統計力学で有名な物理学者のギブス (J. W. Gibbs, 1839-1903) が最初に書物に書き残したので, **ギブス現象**といわれる. ▮

ギブス現象は, 不連続点をもつ関数のフーリエ級数展開において必ず現われ, 区分的に連続な関数 $f(x)$ の第 n 項までのフーリエ級数の部分和は, n を大きくしていくと一様に次の関数 $\tilde{f}(x)$ に近づいていくことが知られている.

$$\tilde{f}(x) = \begin{cases} f(x) & (f(x) \text{ が連続な } x \text{ に対し}) \\ f(x-0)-cd \text{ と } f(x+0)+cd \text{ を結ぶ } y=f(x) \text{ 軸に} \\ \quad \text{平行な線分} \quad (f(x) \text{ が不連続な } x \text{ に対し}) \end{cases}$$

ただし, $d = f(x+0) - f(x-0)$ は点 x での $f(x)$ の飛びの値で

$$c = -\frac{1}{\pi}\int_\pi^\infty \frac{\sin x}{x}dx \fallingdotseq \frac{0.28}{\pi} \fallingdotseq 0.09$$

である.

[例 2] 図 2-11 に示した関数 $f(x)$ に対する $\tilde{f}(x)$ は図 2-12 のようになる.

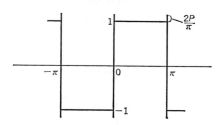

図 2-12 関数 $\tilde{f}(x)$. ただし, $P = -\int_\pi^\infty \frac{\sin x}{x}dx \fallingdotseq 0.28$

[注意] 一様収束について, すこし復習しておこう. $a \leqq x \leqq b$ 上の関数列 $f_n(x)$ が関数 $f(x)$ に一様収束するというのは, a と b との間の x に対する $|f_n(x) - f(x)|$ の最大値が n を無限にしたときに 0 となること, すなわち

2-6 フーリエ級数と最良近似問題 —— 59

$$\max_{a \le x \le b} |f_n(x) - f(x)| \to 0 \qquad (n \to \infty)$$

が成り立つことをいう.

例1で示した,関数の不連続点におけるフーリエ級数展開の部分和のトゲは,幅は0に近づくが,その高さは $2P/\pi$ 以下には小さくならない.したがってどんなに n を大きくしても

$$\max_{a \le x \le b} |S_n(x) - f(x)| > \frac{2P}{\pi}$$

となって,$S_n(x)$ は $f(x)$ に一様収束していないことがわかる.

これに対し,(不連続点をもたない)滑らかな関数のフーリエ級数展開は関数 $f(x)$ に一様収束することが知られている.

一様収束する関数列に関しては,よい性質がたくさんある.例えば

(1) 連続な関数列 $f_n(x)$ が関数 $f(x)$ に一様収束すれば,関数 $f(x)$ も連続となる.(これは,関数列 $f_n(x)$ が関数 $f(x)$ に一様収束すれば,各関数 $f_n(x)$ の連続性が関数 $f(x)$ に遺伝するといった方が感じが出る.微分可能性も一様収束によって遺伝する.)

(2) 部分和 $S_n(x) = f_1(x) + f_2(x) + \cdots + f_n(x)$ が関数 $f(x)$ に一様収束し,関数 $f_i(x)$ が微分可能ならば,関数 $f(x)$ は項別微分可能である.また,関数 $f_i(x)$ が連続ならば,関数 $f(x)$ は項別積分可能である. ▮

2-6 フーリエ級数と最良近似問題

簡単のため,関数 $f(x)$ を周期 2π の周期関数としよう.任意の周期の周期関数についても以下の議論はまったく同様である.ここでは,まず,関数 $f(x)$ を三角多項式

$$T_N(x) = \frac{c_0}{2} + \sum_{n=1}^{N} (c_n \cos nx + d_n \sin nx) \tag{2.40}$$

で最もよく近似するためには,c_n, d_n をどう選んだらよいかという問題を考えよう.これを**最良近似問題**という.近似のよさを考えるためには,よさを計る

60 —— **2** フーリエ級数の基本的性質

尺度がいる．これを**評価関数**という．ここでは，**平均2乗誤差**と呼ばれる評価
関数

$$E(f-T_N) = \int_{-\pi}^{\pi} (f(x)-T_N(x))^2 dx \qquad (2.41)$$

を考える．誤差 $f(x)-T_N(x)$ を2乗して，積分して平均を取るので，この呼び
名がある．

最良近似問題の解　平均2乗誤差 $E(f-T_N)$ の最小化問題を，簡単な関数の
最小化問題へ帰着させよう．

$$\begin{aligned}
E(f-T_N) &= \int_{-\pi}^{\pi} (f(x)-T_N(x))^2 dx \\
&= \int_{-\pi}^{\pi} f^2(x)dx - 2\int_{-\pi}^{\pi} f(x)T_N(x)dx + \int_{-\pi}^{\pi} T_N{}^2(x)dx
\end{aligned}$$

$$\tag{2.42}$$

と展開できる．ここで式(2.42)の各項を計算してみる．まず，

$$\begin{aligned}
\int_{-\pi}^{\pi} f(x)T_N(x)dx &= \int_{-\pi}^{\pi} f(x)\left\{ \frac{c_0}{2} + \sum_{n=1}^{N}(c_n\cos nx + d_n\sin nx) \right\}dx \\
&= \frac{1}{2}c_0\int_{-\pi}^{\pi} f(x)dx + \sum_{n=1}^{N}\left\{ c_n\int_{-\pi}^{\pi} f(x)\cos nxdx + d_n\int_{-\pi}^{\pi} f(x)\sin nxdx \right\} \\
&= \pi\left\{ \frac{a_0 c_0}{2} + \sum_{n=1}^{N}(c_n a_n + d_n b_n) \right\}
\end{aligned}$$

となる．また，式(2.42)の右辺第3項は

$$\begin{aligned}
\int_{-\pi}^{\pi} & \left\{ \frac{c_0}{2} + \sum_{n=1}^{N}(c_n\cos nx + d_n\sin nx) \right\}^2 dx \\
&= \int_{-\pi}^{\pi}\left(\frac{c_0}{2} \right)^2 dx + 2\frac{c_0}{2}\sum_{n=1}^{N}\int_{-\pi}^{\pi}(c_n\cos nx + d_n\sin nx)dx \\
&\quad + \int_{-\pi}^{\pi}\left\{ \sum_{n=1}^{N}(c_n\cos nx + d_n\sin nx) \right\}^2 dx \\
&= \pi\left\{ \frac{c_0{}^2}{2} + \sum_{n=1}^{N}(c_n{}^2 + d_n{}^2) \right\}
\end{aligned}$$

となる．

2-6　フーリエ級数と最良近似問題 ——— 61

これらの結果により，式(2.42)は

$$E(f-T_N) = \int_{-\pi}^{\pi} f^2(x)dx - 2\pi\left\{\frac{a_0 c_0}{2} + \sum_{n=1}^{N}(c_n a_n + d_n b_n)\right\}$$

$$+ \pi\left\{\frac{c_0{}^2}{2} + \sum_{n=1}^{N}(c_n{}^2 + d_n{}^2)\right\}$$

$$= \int_{-\pi}^{\pi} f^2(x)dx - \pi\left\{\frac{a_0{}^2}{2} + \sum_{n=1}^{N}(a_n{}^2 + b_n{}^2)\right\}$$

$$+ \pi\left[\frac{(a_0 - c_0)^2}{2} + \sum_{n=1}^{N}\{(a_n - c_n)^2 + (b_n - d_n)^2\}\right] \quad (2.43)$$

と変形できる．式(2.43)の最右辺の第1項と第2項はc_nとd_nによらない定数であるから，平均2乗誤差$E(f-T_N)$を最小にするc_nとd_nの値は式(2.43)の第3項

$$\pi\left[\frac{(a_0 - c_0)^2}{2} + \sum_{n=1}^{N}\{(a_n - c_n)^2 + (b_n - d_n)^2\}\right] \quad (2.44)$$

の値を最小にするものである．(2.44)の各項はA^2の形をしているので，その値が0のとき最小となる．したがって

$$c_0 = a_0, \quad c_n = a_n, \quad d_n = b_n \quad (2.45)$$

となるとき，すなわち，c_nとd_nの値がフーリエ係数に一致するとき，平均2乗誤差$E(f-T_N)$が最小となることがわかった．

　以上をまとめると，関数$f(x)$をN次の三角多項式$T_N(x)$によって平均2乗誤差最小の意味で近似する最良近似問題の解は，関数$f(x)$のフーリエ係数にほかならないことがわかった．これはフーリエ係数を特徴づける大切な性質である．

　また，フーリエ係数はNと関係なく決まるので，もっとNを大きくした三角多項式で，$f(x)$を最良近似するときにも，すでに求めてある係数を計算し直す必要がない．これは**フーリエ係数の最終性**と呼ばれる性質である．

　平均2乗誤差以外の評価関数をもってくると，最良近似問題の解がフーリエ係数になるとは限らず，またNを大きくするごとに係数を全部計算し直さなければならないのが普通である．

ベッセルの不等式　以上の議論から，たいへん重要な副産物が出てくることを見てみよう．平均2乗誤差は負にならない，すなわち $E(f-T_N) \geqq 0$ であるから，式(2.43)で c_n, d_n を式(2.45)のように選ぶと，

$$\int_{-\pi}^{\pi} f^2(x)dx \geqq \pi\left\{\frac{a_0^2}{2} + \sum_{n=1}^{N}(a_n^2 + b_n^2)\right\} \tag{2.46}$$

が成立することがわかる．Nは任意であったから，ここで $N \to \infty$ として

$$\int_{-\pi}^{\pi} f^2(x)dx \geqq \pi\left\{\frac{a_0^2}{2} + \sum_{n=1}^{\infty}(a_n^2 + b_n^2)\right\} \tag{2.47}$$

を得る．式(2.46)および式(2.47)を**ベッセル(Bessel)の不等式**という．

パーシバルの等式　周期的な関数を三角多項式で近似するという立場からベッセルの不等式を導いたが，じつは適当な条件の下でベッセルの不等式(2.47)における等号が成り立ち

$$\int_{-\pi}^{\pi} f^2(x)dx = \pi\left\{\frac{a_0^2}{2} + \sum_{n=1}^{\infty}(a_n^2 + b_n^2)\right\} \tag{2.48}$$

が成立する．これを**パーシバル(Parseval)の等式**という．

[物理例]　パーシバルの等式のもつ意味を，すこし物理的に解釈してみよう．いま，$1\,\Omega$ の抵抗に周期 2π で変化する電流

$$i(t) = \frac{a_0}{2} + \sum_{n=1}^{\infty}(a_n \cos nt + b_n \sin nt) \tag{2.49}$$

が流れているとする(図2-13)．いま抵抗は $R=1$ としているので，抵抗の両端の電圧降下は $v(t) = Ri(t) = i(t)$ となるから，この抵抗に流れる平均電力(パワー)は

$$P = \frac{1}{2\pi}\int_{-\pi}^{\pi} i(t)v(t)dt = \frac{1}{2\pi}\int_{-\pi}^{\pi} i^2(t)dt$$

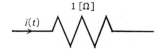

図2-13　抵抗に流れる電流と電圧降下

で与えられる. ここで, 式(2.49)を

$$i(t) = i_0 + \sum_{n=1}^{\infty} i_n \cos(nt + \theta_n) \tag{2.50}$$

と書き直す. これはちょうど電流を, 単振動で表わされる高調波 $i_n \cos(nt+\theta_n)$ の重ね合わせで書いたことになっており, フーリエ級数展開の第3の形式である. ただし, $i_0 = a_0/2$ で, $n=1, 2, \cdots$ に対し

$$i_n = \sqrt{a_n{}^2 + b_n{}^2}, \qquad \theta_n = \arctan\left(\frac{b_n}{a_n}\right)$$

である. 直流 i_0 に対応する平均電力 P_0 は $P_0 = i_0{}^2 = a_0{}^2/4$ であり, また, 交流 $i_n \cos(nt+\theta_n)$ に対応する平均電力 P_n は

$$\begin{aligned}
P_n &= \frac{1}{2\pi} \int_{-\pi}^{\pi} i_n{}^2 \cos^2(nt+\theta_n) dt \\
&= \frac{i_n{}^2}{2\pi} \int_{-\pi}^{\pi} \frac{1}{2} \{\cos 2(nt+\theta_n) + 1\} dt \\
&= \frac{i_n{}^2}{2} = \frac{a_n{}^2 + b_n{}^2}{2}
\end{aligned}$$

である. したがって, パーシバルの等式は, 平均電力 P が直流成分と高調波成分の平均電力の総和として

$$P = \sum_{n=0}^{\infty} P_n \tag{2.51}$$

と与えられることを示している. ▌

パーシバルの等式の導出 関数 $f(x)$ が滑らか(任意の点で微分可能で, 1階の微分係数が連続)な周期 2π の周期関数として, パーシバルの等式を導こう. 前節で述べたように, このとき, この関数 $f(x)$ のフーリエ級数展開は関数 $f(x)$ に一様収束する. そこで,

$$f(x) = \frac{a_0}{2} + \sum_{n=1}^{\infty} (a_n \cos nx + b_n \sin nx)$$

の両辺に関数 $f(x)$ をかけると

$$f^2(x) = \frac{a_0 f(x)}{2} + \sum_{n=1}^{\infty} (a_n f(x) \cos nx + b_n f(x) \sin nx)$$

64 ——— **2** フーリエ級数の基本的性質

となるが，$f(x)$ は有界であるから，この式の右辺も一様収束する．前節の注意で述べたように，一様収束する級数は項別積分できるので，上式を $-\pi$ から π まで項別に積分すると

$$\int_{-\pi}^{\pi} f^2(x)dx = \frac{a_0}{2}\int_{-\pi}^{\pi} f(x)dx$$
$$+ \sum_{n=1}^{\infty}\left(a_n\int_{-\pi}^{\pi} f(x)\cos nxdx + b_n\int_{-\pi}^{\pi} f(x)\sin nxdx\right)$$
$$= \pi\left\{\frac{a_0{}^2}{2} + \sum_{n=1}^{\infty}(a_n{}^2 + b_n{}^2)\right\}$$

となってパーシバルの等式を得る．

ここでは，関数が滑らかであることを仮定して，パーシバルの等式を導いたが，関数が区分的に滑らかな周期関数という弱い条件の下でも，パーシバルの等式は成立することが知られている．

例題 2.8 $$f(x) = \begin{cases} 1 & (0 \leqq x < \pi) \\ 0 & (\pi \leqq x < 2\pi) \end{cases}$$

を周期 2π の関数に拡張した関数のフーリエ級数展開にパーシバルの等式を適用すると，どんな公式が得られるか．

[解] 関数 $f(x)$ は区分的に滑らかであるから，パーシバルの等式が成立する．関数 $f(x)$ のフーリエ係数は 1-3 節の例 2 の (1) で計算した．結果は $a_0=1$，$a_n=0\ (n=1, 2, \cdots)$，$b_{2n-1}=2/(2n+1)\pi$，$b_{2n}=0$ である．これからパーシバルの等式は

$$\int_{-\pi}^{\pi} f^2(x)dx = \int_0^{\pi} dx = \pi = \pi\left\{\frac{1}{2} + \sum_{n=1}^{\infty}\frac{4}{\pi^2(2n-1)^2}\right\}$$

となる．整理すれば

$$\sum_{n=1}^{\infty}\frac{1}{(2n-1)^2} = \frac{\pi^2}{8}$$

を得る．この結果は 1-6 節の例 1 の中で，異なった方法により導いたことがある．

パーシバルの等式と平均収束 関数 $f(x)$ を区分的に滑らかな周期 2π の周期

関数とする．関数 $f(x)$ のフーリエ級数展開の部分和

$$S_N(x) = \frac{a_0}{2} + \sum_{n=1}^{N} (a_n \cos nx + b_n \sin nx)$$

と関数 $f(x)$ の平均2乗誤差は

$$\int_{-\pi}^{\pi} (f(x) - S_N(x))^2 dx = \int_{-\pi}^{\pi} f^2(x) dx - \pi \left\{ \frac{a_0{}^2}{2} + \sum_{n=1}^{N} (a_n{}^2 + b_n{}^2) \right\}$$

となるので，パーシバルの等式(2.48)が成り立つことと，

$$\lim_{N\to\infty} E(f - S_N) = 0 \tag{2.52}$$

とは同等となる．式(2.52)は，部分和 $S_N(x)$ と関数 $f(x)$ の平均2乗誤差が N →∞ で0に近づくことを意味しており，これが成り立つとき，フーリエ級数は，関数 $f(x)$ に**平均収束**するという．平均収束したからといって，各点 x で N→∞ に対して $S_N(x)$ が $f(x)$ に収束するわけではなく，平均収束と各点の収束とは一概に同じであるとはいえない．

部分和 $S_N(x)$ が関数 $f(x)$ に平均収束することを

$$\mathop{\text{l.i.m.}}_{N\to\infty} S_N(x) = f(x)$$

と表わすことがある．l.i.m. は，平均収束を表わす英語 limit in the mean の略記である．

━━━━━━━━━━━━━━━━━━ **問　題 2-6** ━━━━━━━━━━━━━━━━━━

1. 次の関数

$$f(x) = \begin{cases} 0 & (0 < |x| < \pi/2) \\ 1 & (\pi/2 < |x| < \pi) \end{cases}, \qquad f(x + 2\pi) = f(x)$$

のフーリエ級数展開にパーシバルの等式を適用すると，どんな公式が得られるか．

66 —— **2** フーリエ級数の基本的性質

第 2 章 演 習 問 題

[1] (1) 周期 2π の 2 つの周期関数 $f(x)$ と $g(x)$ の複素フーリエ係数をそれぞれ $c_n(f)$, $c_n(g)$ とする. このときには, f と g の**合成積**(「たたみこみ」ともいい, $f*g$ で表わす)

$$h(x) = \frac{1}{2\pi} \int_{-\pi}^{\pi} f(y)g(x-y)dy = f*g(x)$$

の複素フーリエ係数は

$$c_n(h) = c_n(f)c_n(g)$$

で与えられることを示せ. なお, $f*g$ が変数 x の関数であることを表わすには $(f*g)(x)$ あるいは $f*g(x)$ と書く. 本書では $f*g(x)$ と書くことにした.

(2) 入力として複素正弦波 e^{ikt} が入力されたとき, $H(k)e^{ikt}$ が出力される線形システムがある. (1)の結果を利用して, このシステムに周期 2π の入力 $x(t)$ が加えられたときの出力 $y(t)$ は $y(t)=x*h(t)$ で与えられることを示せ. ただし

$$h(t) = \sum_{k=-\infty}^{\infty} H(k)e^{ikt}$$

であり, $*$ は合成積である.

[2] 上の小問(2)の結果によれば, 時間 t に関して周期 2π の関数 $f(t)$, $g(t)$ の複素フーリエ係数を f_n, g_n とし

$$h_n = f_n g_n$$

とすると, h_n は f と g の合成積

$$h(t) = \frac{1}{2\pi} \int_{-\pi}^{\pi} f(t'-t)g(t')dt'$$

の複素フーリエ係数である. これに対し $f(t)$ と $g(t)$ の積を

$$y(t) = f(t)g(t)$$

とし, $y(t)$ の複素フーリエ係数を y_n とすると

$$y_n = \sum_{m=-\infty}^{\infty} f_{n-m} g_m$$

で与えられることを示せ. 上の y_n は f_n と g_n の合成積, すなわち周波数領域での合成積を表わしている.

[3] 入力 $x(t)$ が与えられたとき，出力
$$y(t) = \mathrm{T}[x(t)] = \begin{cases} x(t) & (x(t) \geqq 0) \\ 0 & (x(t) < 0) \end{cases}$$
を出力するシステムは線形システムでないこと(すなわち非線形システムであること)を示せ．また，このシステムの入力として，正弦波 $a \sin t \, (a>0)$ が与えられたときの，出力の複素フーリエ級数展開を求めよ．この出力波形は**半波整流波形**といわれる．

[4] 図の回路の入力として
$$x(t) = at \quad (0 < t < 2\pi), \qquad x(t+2\pi) = x(t)$$
が入力されたときの定常出力波形(コンデンサの端子電圧 $y(t)$)を求めよ．

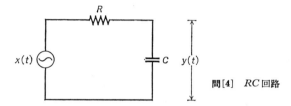

問[4]　RC回路

[5] $\delta_T(x)$ の複素フーリエ級数展開を求めよ．

万能の人フーリエ

　フーリエ(J. B. J. Fourier, 1768–1830)の人生は波瀾に満ちている．また，その才能も極めて多彩である．フーリエは1768年，フランスのオークゼルで仕立て屋の家に生まれたが，8歳で孤児となった．地元の司教に身を寄せたフーリエは数学に興味をもち，士官学校の講義に出て勉強をした．軍人を志したがかなわなかったため，修道僧になり，修業の後に，数学教師となった．1789年にフランス革命が起こり，パリに出て，方程式の数値計算に関する論文をパリ科学アカデミーに提出している．1794年，エコール・ポリテクニークが創設されたので，学生として受験したが，その才を認められ教授に任命されたという．1798年にナポレオンがエジプトに遠征するのに従軍し，ナポレオンの創設したエジプト研究所の所長となり，すぐれた外交，内政上

の手腕を発揮した．このときに，フーリエが書いた『エジプト記』は，エジプトに関する優れた書物として有名である．

　1802 年フランスに戻り，イゼール県の知事となった．そして知事としての行政上の功績から男爵に叙せられた．この時期にフーリエは熱の研究を行ない，熱の伝導を記述する偏微分方程式を導出，その解を求めるためにフーリエ級数の理論を創始した．1814 年にナポレオンが退位した後も知事の職に留まったが，ナポレオンの 100 日天下の際，彼についたため，職を失った．しかしパリに移住し，セーヌ地方の統計局長に就くことができた．1824 年には熱の研究を『熱の解析的理論』という本にまとめ，1826 年にはアカデミーフランセーズの会員となり，フランスの数学者として最高の栄誉をうけた．統計局長時代には，統計理論の研究も行なっている．ディリクレとの交流があったのもこの時期である．定積分の記号 $\int_a^b f(x)dx$ は，フーリエが発案したものであるといわれている．

　このようにフーリエは数学と物理のみならず，政治に文学にと，多彩な才能を発揮した，まさに万能の人であった．なお，同じフランスのパンルヴェ (P. Painlevé, 1863–1933) も大臣をつとめながら，有名なパンルヴェ超越関数の研究を遺している．

3

フーリエ変換

コンサートホールをつくったとき，音響効果をどうやって調べればよいか．1つの方法として，次のようなのがある．まず適当な場所で「パン！」という音を出す．この音がホールの中でどのように反響し，消えていくかを，多くの座席位置で測定して，解析するのである．このときフーリエ変換という数学的手法が威力を発揮する．

3-1 非周期関数

非周期関数 $f(x)$ とは,周期のない関数,すなわち
$$f(x+T) = f(x)$$
を満たす $T>0$ が存在しない関数である.非周期関数はまた,周期関数の周期 T が $T\to\infty$ となったものと考えることができる.いくつかの例をあげて説明しよう.

[例1] ソリトン 粒子のような性格をもった非線形波動として,ソリトンと呼ばれるパルス波が理工学のさまざまな分野に現われる.ソリトンは,各時刻で次のような単一パルス波形をしており,x の非周期波形として
$$f(x) = a\,\text{sech}\,k(x-x_0)$$
あるいは
$$f(x) = a\,\text{sech}^2 k(x-x_0)$$
と表わされる.

ソリトンは,**クノイダル波**(cnoidal wave)と呼ばれる周期波の周期を,無限大とした極限として得られることが知られている.

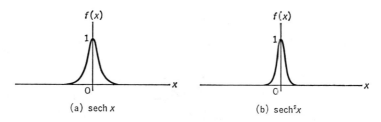

図 3-1 ソリトン波形

[例2] 単位インパルス 時刻 $t=t_0$ で瞬間に加えられる衝撃は,ディラックのデルタ関数を用いて
$$f(t) = \delta(t-t_0)$$
と表わすことができる.これは単位インパルスと呼ばれる非周期関数である(1

回しか起きない事象を表わす関数は非周期関数となる).単位インパルスは,線形システムの特性を調べるときにたいへん重要となる.例えば,建築物の音響特性を調べるのに,「パン!」という音(単位インパルス)を発生させて,これがどのように反響し,減衰していくかを調べる方法が用いられることがある(詳しくは3-6節に述べよう).

単位インパルスは

$$f_{d,T}(t) = \begin{cases} \dfrac{1}{d} & (|t| \leqq d/2) \\ 0 & (|t| \geqq d/2) \end{cases}, \quad f_{d,T}(t+T) = f_{d,T}(t)$$

という矩形パルス列をまず考え,$d=1/T$ とおいて $T\to\infty$ とした極限と考えることができる.d を一定にしたまま $T\to\infty$ とすると,単一矩形波

$$f_d(t) = \begin{cases} \dfrac{1}{d} & (|t| \leqq d/2) \\ 0 & (|t| \geqq d/2) \end{cases}$$

となる.

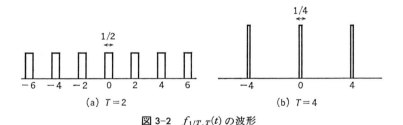

図 3-2　$f_{1/T,T}(t)$ の波形

[例 3] 概周期関数

$$f(t) = \sin at + \sin bt$$

において,$a\neq 0$, $b\neq 0$ で比 b/a を無理数とすると,$f(t)$ は非周期関数となる.これは**概周期関数**と呼ばれる.厳密にいうと周期関数ではないが,おおむね周期的という意味である.無理数 $\omega=b/a$ を小数点以下第 n 位までで打ち切った数を ω_n とすると

$$f_n(t) = \sin at + \sin a\omega_n t$$

は周期 $T=10^n \cdot 2\pi/a$ の周期関数である．ここで $n \to \infty$ とすると，$f_n(t)$ は $f(t)$ になると考えられるので，この場合もやはり概周期関数は周期関数の極限と考えることができる．

図 3-3 概周期関数の例 ($f(t)=\sin t + \sin \pi t$ のグラフ)

******** 問 題 3-1 ********

1. 単位インパルスを積分して得られる単位階段関数 $f(t)=u(t)$ も非周期関数である．これはどのような周期関数(周期 T)の，$T \to \infty$ の極限と考えられるか．

3-2 フーリエ変換

フーリエ積分公式 前節では，非周期関数が，周期関数の周期 T を $T \to \infty$ とした極限と考えられることを見た．ここでは，この考え方に従い，周期 T の周期関数に対するフーリエ級数展開が $T \to \infty$ でどのようになるかを観察し，非周期関数に対するフーリエ変換を導入する．

周期 $T=2L$ の周期関数 $f(x)$ を考える．関数 $f(x)$ が複素フーリエ級数に展開できるとすると

$$f(x) = \sum_{n=-\infty}^{\infty} c_n e^{in\pi x/L} \tag{3.1}$$

$$c_n = \frac{1}{2L} \int_{-L}^{L} f(y) e^{-in\pi y/L} dy \tag{3.2}$$

となる．式(3.1)に式(3.2)を代入すると

3-2 フーリエ変換 —— 73

$$f(x) = \sum_{n=-\infty}^{\infty} \left[\frac{1}{2L} \int_{-L}^{L} f(y) e^{-in\pi y/L} dy \right] e^{in\pi x/L}$$

となるが，$L \to \infty$ の極限を考えるために，

$$\omega_n = \frac{n\pi}{L}, \qquad \Delta\omega = \omega_n - \omega_{n-1} = \frac{\pi}{L}$$

と置くと，上式は

$$f(x) = \sum_{n=-\infty}^{\infty} \left[\frac{1}{2\pi} \int_{-L}^{L} f(y) e^{-i\omega_n y} dy \right] e^{i\omega_n x} \Delta\omega \tag{3.3}$$

となる．ここで，$L \to \infty$ の極限を考えると，リーマン積分の定義

$$\lim_{\Delta\omega \to 0} \sum_{n=-\infty}^{\infty} F(\omega_n) \Delta\omega = \int_{-\infty}^{\infty} F(\omega) d\omega$$

によって和が積分に変わり，式(3.3)は

$$f(x) = \frac{1}{2\pi} \int_{-\infty}^{\infty} d\omega \int_{-\infty}^{\infty} f(y) e^{-i\omega(y-x)} dy \tag{3.4}$$

となるであろう．式(3.4)の右辺を関数 $f(x)$ に対する**フーリエ積分表示**といい，式(3.4)を**フーリエの積分公式**という．この関数 $f(x)$ は，周期 $2L$ と仮定した上で $L \to \infty$ としたので，非周期関数である．したがって式(3.4)を，非周期関数に対するフーリエ級数展開の拡張と考えることができる．

　以上で述べたフーリエ積分公式の導出法は，いわば直観的なものであって，数学的に厳密なものではない．しかし，関数 $f(x)$ が $-\infty < x < \infty$ において区分的に滑らかで，$f(x)$ の絶対値 $|f(x)|$ の $-\infty$ から ∞ までの積分が有限となる（これを関数 $f(x)$ が**絶対可積分**であるという），すなわち

$$\int_{-\infty}^{\infty} |f(x)| dx < \infty$$

であれば，式(3.4)が成立することが知られている．ここでは，このことを注意するにとどめよう．ただし，関数 $f(x)$ が不連続となる x においては，式(3.4)の左辺の $f(x)$ を $\{f(x+0)+f(x-0)\}/2$ に置き換えるものとする．

　フーリエ変換　フーリエ級数の変換としての見方は図3-4のように解釈することができる．すなわち，式(3.2)によってフーリエ係数を求めることは，周

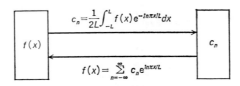

図3-4 フーリエ級数の変換としての見方

期関数 $f(x)$ をフーリエ係数の組に変換することであり,一方,式(3.1)のように,フーリエ係数から関数 $f(x)$ を求めることは,この変換の逆変換を行なうことであると解釈できる.このような立場から,式(3.4)を次のように書き直すことができる.

$$F(\omega) = \int_{-\infty}^{\infty} f(y) e^{-i\omega y} dy \tag{3.5}$$

$$f(x) = \frac{1}{2\pi} \int_{-\infty}^{\infty} F(\omega) e^{i\omega x} d\omega \tag{3.6}$$

ここで,関数 $F(\omega)$ を関数 $f(x)$ の**フーリエ変換**(Fourier transform),$f(x)$ を $F(\omega)$ の**フーリエ逆変換**(Fourier inverse transform)という.以下,フーリエ変換を行なう写像を $\mathscr{F}$ で表わすことにする.

$$\mathscr{F}[f(x)] = F(\omega)$$

これが ω の関数であることを明記するには,

$$\mathscr{F}[f(x)](\omega) = F(\omega)$$

と書く.

また,$\mathscr{F}$ の逆写像であるフーリエ逆変換を $\mathscr{F}^{-1}$ で表わす.

$$\mathscr{F}^{-1}[F(\omega)] = f(x)$$

[**注意**] フーリエ変換とフーリエ逆変換の公式の対称性をよくするために,式(3.6)の右辺の積分の前の係数 $1/2\pi$ を $1/\sqrt{2\pi}$ に改め,その代わりに式(3.5)の右辺の積分の前に $1/\sqrt{2\pi}$ をかけることも可能である.こうすると,フーリエ変換と逆変換は

$$F(\omega) = \frac{1}{\sqrt{2\pi}} \int_{-\infty}^{\infty} f(y) e^{-i\omega y} dy \tag{3.7}$$

$$f(x) = \frac{1}{\sqrt{2\pi}} \int_{-\infty}^{\infty} F(\omega)e^{i\omega x}d\omega \tag{3.8}$$

と表わされる. 式(3.5)と式(3.6)のペアを使うか, 式(3.7)と式(3.8)のペアを使うかは, 本によって異なっているから, 注意を要する. 本巻では式(3.5)と式(3.6)のペアを用いることにしよう.

例題 3.1 次の非周期関数をフーリエ変換せよ.

(1) $f(x) = \begin{cases} \dfrac{1}{2d} & (|x| \leqq d) \\ 0 & (|x| > d) \end{cases}$

(2) $f(x) = e^{-a|x|} \qquad (a > 0)$

[解] (1) フーリエ変換の定義(3.5)から

$$\mathscr{F}[f] = \int_{-\infty}^{\infty} f(x)e^{-i\omega x}dx = \int_{-d}^{d} \frac{1}{2d}e^{-i\omega x}dx$$

$$= \frac{1}{2d}\left[\frac{1}{-i\omega}e^{-i\omega x}\right]_{-d}^{d} = \frac{1}{\omega d}\sin\omega d$$

(2)
$$F(\omega) = \int_{-\infty}^{\infty} f(x)e^{-i\omega x}dx = \int_{0}^{\infty}(e^{-(a+i\omega)x} + e^{-(a-i\omega)x})dx$$

$$= \left[\frac{1}{-a-i\omega}e^{-(a+i\omega)x} + \frac{1}{-a+i\omega}e^{-(a-i\omega)x}\right]_{0}^{\infty}$$

$$= \frac{1}{a+i\omega} + \frac{1}{a-i\omega} = \frac{2a}{a^2+\omega^2}$$

連続スペクトル 例題3.1の(1)の結果を, フーリエ変換はフーリエ級数の極限であるという立場から, 見直してみよう. 前節で述べたように, 非周期関数は周期関数の極限と考えることができるから, (1)の非周期関数 $f(x)$ は次の周期関数

$$f_L(x) = \begin{cases} \dfrac{1}{2d} & (|x| \leqq d) \\ 0 & (d < |x| \leqq L) \end{cases}, \qquad f_L(x+2L) = f_L(x)$$

の $L \to \infty$ の極限である. $f_L(x)$ の複素フーリエ係数は, $\omega_0 = \pi/L$ として

$$c_n = \frac{1}{2L}\int_{-L}^{L} f(x)e^{-in\omega_0 x}dx$$

$$= \frac{1}{2L}\int_{-d}^{d}\frac{1}{2d}e^{-in\omega_0 x}dx = \frac{\sin n\omega_0 d}{2Ln\omega_0 d}$$

となる.ここで,$\Delta\omega=\pi/L$として,$n\omega_0=n\pi/L\to\omega$となるように$L$と$n$を関係づけて$L\to\infty$, $n\to\infty$とすると,$c_n\to c(\omega)$, $\Delta\omega\to d\omega$となり,

$$2\pi c(\omega) = F(\omega)d\omega$$

となる.ただし,$\mathscr{F}[f]=F(\omega)$.

図3-5から分かるように,Lが有限のときには,不連続な値$\omega=n\pi/L$のところだけに$f_L(x)$のスペクトルc_nが存在していたのに対し,$f(x)$のスペクトル$F(\omega)$は連続的なωに対し存在する.その意味で,c_nは**離散スペクトル**,$F(\omega)$は**連続スペクトル**と呼ばれる.非周期関数のスペクトルは連続スペクトルになりうるところが特徴である.

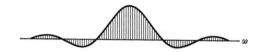

図3-5 $f(x)$のスペクトル(曲線)と$f_L(x)$のスペクトル(縦線)
(c_nと$F(\omega)$で縦軸のスケールは変えてある)

フーリエ変換の基本的な性質を例題の形で示そう.

例題 3.2 関数$f(x)$が実関数のときでも$F(\omega)=\mathscr{F}[f](\omega)$は複素関数となる.このとき,次のことを示せ.

(1) $\mathrm{Re}[F(\omega)] = \int_{-\infty}^{\infty} f(x)\cos\omega x\, dx$

$\mathrm{Im}[F(\omega)] = -\int_{-\infty}^{\infty} f(x)\sin\omega x\, dx$

ただし,$\mathrm{Re}[\ ]$, $\mathrm{Im}[\ ]$は複素関数の実部と虚部を表わす.

(2) $f(x)$が実関数 $\Leftrightarrow F(-\omega)=F^*(\omega)$.

ここで,$*$は複素共役を表わす.

(3) $f(x)$が実関数 $\Leftrightarrow F(\omega)=A(\omega)e^{i\phi(\omega)}$とするとき,$A$が偶関数で,$\phi$が奇関数.

[解] (1) オイラーの公式から明らかである.

3-2 フーリエ変換 ——— 77

(2) まず，「⇒」を示す．(1)により，$F(-\omega)=\mathrm{Re}[F(-\omega)]+i\,\mathrm{Im}[F(-\omega)]$
$=\mathrm{Re}[F(\omega)]-i\,\mathrm{Im}[F(\omega)]=F^*(\omega)$. 次に，「⇐」を示す．ここで $F(\omega)=F_\mathrm{r}(\omega)+$
$iF_\mathrm{i}(\omega)$（ただし $F_\mathrm{r}(\omega)$ と $F_\mathrm{i}(\omega)$ は ω の実関数）と書く．また，同様に $f(x)=f_\mathrm{r}(x)$
$+if_\mathrm{i}(x)$（ただし $f_\mathrm{r}(x)$ と $f_\mathrm{i}(x)$ は実関数）と書く．このとき，式(3.6)から

$$f_\mathrm{r}(x) = \frac{1}{2\pi}\int_{-\infty}^{\infty}\{F_\mathrm{r}(\omega)\cos\omega x - F_\mathrm{i}(\omega)\sin\omega x\}\,dx$$

$$f_\mathrm{i}(x) = \frac{1}{2\pi}\int_{-\infty}^{\infty}\{F_\mathrm{r}(\omega)\sin\omega x + F_\mathrm{i}(\omega)\cos\omega x\}\,dx$$

となることがわかる．一方，$F(-\omega)=F^*(\omega)$ から

$$F_\mathrm{r}(-\omega) = F_\mathrm{r}(\omega), \qquad F_\mathrm{i}(-\omega) = -F_\mathrm{i}(\omega)$$

となることがわかるので，$f_\mathrm{i}(x)$ の式より $f_\mathrm{i}(x)=0$ となることがわかる．

(3) 「⇐」を示す．$F(-\omega)=A(-\omega)e^{i\phi(-\omega)}=A(\omega)e^{-i\phi(\omega)}=F^*(\omega)$ となり，(2)
から f が実関数となることがわかる．「⇒」を示す．f が実関数のとき(2)より
$F(-\omega)=F^*(\omega)$ となることから，$F(-\omega)=A(-\omega)e^{i\phi(-\omega)}=F^*(\omega)=A(\omega)e^{-i\phi(\omega)}$ が
成り立つ．両辺の絶対値をとれば $A(-\omega)=A(\omega)$ を得，これよりさらに $\phi(-\omega)$
$=-\phi(\omega)$ を得る．▊

|||||||||||||||||||||||||||||||||||||||||||||||||||| 問　題 3-2 ||||||||||||||||||||||||||||||||||||||||||||||||||||

1. 次の関数のフーリエ変換を求めよ．

(1) $f(x) = e^{-ax}u(x)$　　$(a>0)$

(2) $f(x) = xe^{-ax}u(x)$　　$(a>0)$

(3) $f(x) = (e^{-ax}\sin bx)u(x)$　　$(a>0)$

(4) $f(x) = (e^{-ax}\cos bx)u(x)$　　$(a>0)$

ただし，$u(x)$ は次のヘビサイドの階段関数である．

$$u(x) = \begin{cases} 1 & (x\geqq0) \\ 0 & (x<0) \end{cases}$$

2. 例題 3.1 の(1)の結果から，関数

$$f(x) = \begin{cases} \dfrac{1}{2} & (|x|\leqq1) \\ 0 & (|x|>1) \end{cases}$$

78 —— **3** フーリエ変換

のフーリエ積分表示が

$$f(x) = \frac{1}{\pi} \int_0^\infty \frac{\cos \omega x \sin \omega}{\omega} d\omega$$

となることを示せ．また，この式において $x=0$ と置くと，どのような公式が得られるか．

3. $F(\omega) = \mathscr{F}[f](\omega)$ のとき，$F^*(\omega) = \mathscr{F}[f^*](-\omega)$ となることを示せ．

3-3 フーリエ正弦変換とフーリエ余弦変換

フーリエの積分公式 (3.4) は複素フーリエ級数に対応する．ここでは，まず，実数型のフーリエ級数に対応するような積分公式の変形を導こう．

フーリエ積分公式の変形　式 (3.4) は

$$f(x) = \frac{1}{2\pi} \int_{-\infty}^\infty d\omega \int_{-\infty}^\infty f(y) e^{i\omega(x-y)} dy$$

$$= \frac{1}{2\pi} \int_0^\infty d\omega \int_{-\infty}^\infty f(y) e^{i\omega(x-y)} dy$$

$$+ \frac{1}{2\pi} \int_{-\infty}^0 d\omega \int_{-\infty}^\infty f(y) e^{i\omega(x-y)} dy$$

$$= \frac{1}{\pi} \int_0^\infty d\omega \int_{-\infty}^\infty f(y) \cdot \frac{1}{2} (e^{i\omega(x-y)} + e^{-i\alpha(x-y)}) dy$$

したがって

$$f(x) = \frac{1}{\pi} \int_0^\infty d\omega \int_{-\infty}^\infty f(y) \cos \omega(x-y) dy \tag{3.9}$$

と変形できる．三角関数の加法定理

$$\cos \omega(x-y) = \cos \omega x \cos \omega y + \sin \omega x \sin \omega y$$

から，式 (3.9) は

$$f(x) = \frac{1}{\pi} \int_0^\infty [A(\omega) \cos \omega x + B(\omega) \sin \omega x] d\omega$$

$$A(\omega) = \int_{-\infty}^\infty f(y) \cos \omega y dy, \qquad B(\omega) = \int_{-\infty}^\infty f(y) \sin \omega y dy \tag{3.10}$$

3-3 フーリエ正弦変換とフーリエ余弦変換 —— 79

と書き直すことができる. 式(3.9)は実フーリエ級数に対応するフーリエの積分表示である.

フーリエ余弦変換 式(3.10)から, 関数 $f(x)$ が偶関数ならば $B(\omega)=0$ となり, 公式

$$f(x) = \frac{2}{\pi} \int_0^\infty F_c(\omega) \cos \omega x d\omega$$

$$F_c(\omega) = \int_0^\infty f(y) \cos \omega y dy$$

(3.11)

を得る. これを関数 $f(x)$ の**フーリエ余弦積分**(Fourier cosine integral)という.

関数 $f(x)$ が $0 \leqq x < \infty$ で定義されている場合に, これを $-\infty < x < \infty$ へ偶関数として拡張した後, フーリエ変換をとると考える. こうすると, 式(3.11)により $0 \leqq x < \infty$ で定義された関数 $f(x)$ の積分変換を定義できることがわかる. このとき, $F_c(\omega)$ を, 関数 $f(x)$ の**フーリエ余弦変換**(Fourier cosine transform)という. フーリエ余弦変換とその逆変換の公式は定数倍を除いてまったく同じ形をしているのが特徴である.

フーリエ正弦変換 同様に, 関数 $f(x)$ が奇関数のときには, 式(3.10)において, $A(\omega)=0$ となり,

$$f(x) = \frac{2}{\pi} \int_0^\infty F_s(\omega) \sin \omega x d\omega$$

$$F_s(\omega) = \int_0^\infty f(y) \sin \omega y dy$$

(3.12)

が定義できる. これを関数 $f(x)$ の**フーリエ正弦積分**(Fourier sine integral)という. フーリエ正弦積分を使っても, $0 \leqq x < \infty$ で定義されている関数 $f(x)$ に対する積分変換を定義できることは, フーリエ余弦変換のときと同じである. $F_s(\omega)$ を, 関数 $f(x)$ の**フーリエ正弦変換**(Fourier sine transform)という.

この場合には, $0 \leqq x < \infty$ で定義されている関数 $f(x)$ を奇関数として $-\infty < x < \infty$ に拡張した後, フーリエ変換をとったものと解釈できる. フーリエ正弦変換もフーリエ余弦変換と同様に, 変換と逆変換が定数倍を除いてまったく同

80 ——— **3** フーリエ変換

じ形をしていることに注意しよう.

$0 \leq x < \infty$ で定義されている関数 $f(x)$ に対し，フーリエ余弦変換とフーリエ正弦変換の2通りの変換ができることは明らかであろう．関数 $f(x)$ が原点でどのような値をもつかによって，偶関数として拡張した方が滑らかに拡張できるときはフーリエ余弦変換を，逆の場合にはフーリエ正弦変換を用いると，変換後の関数の性質がよくなる.

例題 3.3 $f(x) = e^{-ax} (a > 0, 0 \leq x)$ をフーリエ余弦変換およびフーリエ正弦変換せよ.

[解] 関数 $f(x)$ のフーリエ余弦変換は，例題 3.1 の (2) の結果から，

$$F_c(\omega) = \frac{a}{a^2 + \omega^2}$$

である（$F_c(\omega)$ は $e^{-a|x|}$ のフーリエ変換の $1/2$ 倍になることに注意）.

フーリエ正弦変換は

$$F_s(\omega) = \frac{1}{2i} \int_0^\infty e^{-ax}(e^{i\omega x} - e^{-i\omega x})dx$$

$$= \frac{1}{2i}\left(\frac{1}{a-i\omega} - \frac{1}{a+i\omega}\right) = \frac{\omega}{a^2 + \omega^2}$$

となる. ▌

━━━━━━━━━━━━━━━━ **問　題 3-3** ━━━━━━━━━━━━━━━━

1. 次の関数のフーリエ余弦変換とフーリエ正弦変換を求めよ.

(1) $f(x) = xe^{-ax}$ $(0 \leq x)$ (2) $f(x) = \begin{cases} 1-x & (0 \leq x \leq 1) \\ 0 & (1 < x) \end{cases}$

2. 次の積分方程式を $\phi(x)$ について解け $(0 \leq x)$.

(1) $\displaystyle\int_0^\infty \phi(x)\sin kx\,dx = \begin{cases} 1 & (0 \leq k < 1) \\ 0 & (1 < k) \end{cases}$

(2) $\displaystyle\int_0^\infty \phi(x)\cos kx\,dx = ke^{-k}$

3-4 複素フーリエ変換の計算

留数の定理(本コース第5巻『複素関数』参照)の応用として,フーリエ変換およびその逆変換の計算ができる場合がある.この計算はかなり直観的に行なえるので,理工学におけるカンを養うためにも大切である.

ジョルダンの補助定理 いま,複素 z 平面の上半面中の半径 r の半円 $C_+(r)$ を考える.ただし,$C_+(r)$ の向きは反時計まわりとする(図3-6).この $C_+(r)$ に沿う複素積分

$$\int_{C_+(r)} f(z)e^{iaz}dz$$

は $a>0$ で,$f(z)$ が

$$f(z) = \frac{b_m z^m + b_{m-1}z^{m-1} + \cdots + b_1 z + b_0}{a_n z^n + a_{n-1}z^{n-1} + \cdots + a_1 z + a_0} \quad (a_n \neq 0,\ b_m \neq 0)$$

と書け(このとき,$f(z)$ は z の**有理関数**という),$n>m\geqq 0$ であれば,$r\to\infty$ で 0 となる.

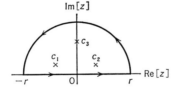

図3-6 積分路.上半円だけを $C_+(r)$ とし,上半円に実軸上の $-r$ から r の直径部分を加えた閉曲線を $C(r)$ とする.

これはジョルダン(C. Jordan, 1838-1922)の**補助定理**と呼ばれる.直観的には次のように理解できる.$C_+(r)$ は z 平面の上半面にあるから,$z=x+iy$ と書いたとき $y>0$ となっており,$f(z)$ が有理関数であれば $y\to\infty$ のとき $|f(z)e^{iaz}|=|f(z)|e^{-ay}$ は急激に 0 となるので,積分が 0 となるのである.

留数の定理によるフーリエ変換の計算 いま,$C(r)$ を $C_+(r)$ に実軸上の線分 $-r\leqq x\leqq r$ を加えた閉曲線で向きは $C_+(r)$ と同じとする.このとき

$$I = \int_{-\infty}^{\infty} f(x)e^{i\omega x}dx$$

82 ——— **3** フーリエ変換

とおけば，$f(z)$ が上に述べた条件を満たし，$\omega > 0$ のとき，ジョルダンの補助定理より

$$\lim_{r\to\infty}\int_{C(r)}f(z)e^{i\omega z}dz = \lim_{r\to\infty}\left\{\int_{-r}^{r}f(x)e^{i\omega x}dx + \int_{C_{+}(r)}f(z)e^{i\omega z}dz\right\} = I$$

となることがわかる．ここで，複素関数 $g(z)$ の積分

$$\int_{C(r)}g(z)dz$$

は，$C(r)$ に含まれる $g(z)$ の極($g(z)=\infty$ となる点)の留数の和の $2\pi i$ 倍となる(本コース第5巻『複素関数』参照)．これを**留数の定理**という．

関数 $g(z)$ が，点 c で n 位の極をもつとき，$g(z)$ を c の付近で

$$g(z) = \frac{k_{-n}}{(z-c)^n} + \frac{k_{-(n-1)}}{(z-c)^{n-1}} + \cdots + \frac{k_{-1}}{z-c} + p(z-c)$$

とローラン (Laurent) 展開したときの係数 k_{-1} が $z=c$ における $g(z)$ の留数 $\mathrm{Res}\,(g\,;c)$ である．ただし，$p(z-c)$ は $z-c$ の多項式とする．したがって

$$\mathrm{Res}\,(g\,;c) = k_{-1} = \frac{1}{(n-1)!}\left(\frac{d^{n-1}}{dz^{n-1}}\left[g(z)(z-c)^n\right]\right)_{z=c}$$

と求められる．以上をまとめると，z 平面の上半面内にある関数 $g(z)$ の極を c_1, $c_2, \cdots, c_N$ とすると

$$\int_{C(r)}g(z)dz = 2\pi i\sum_{n=1}^{N}\mathrm{Res}\,(g\,;c_n)$$

となることがわかる．これから，上に述べた条件の下で

$$\int_{-\infty}^{\infty}f(x)e^{i\omega x}dx = 2\pi i\sum_{n=1}^{N}\mathrm{Res}\,(f(z)e^{i\omega z}\,;c_n) \qquad (\omega>0) \tag{3.13}$$

と求められることがわかる．ただし，c_n は z 平面の上半面に含まれる $f(z)$ の極，すなわち，z 平面の上半面内の $m(z)=a_nz^n+a_{n-1}z^{n-1}+\cdots+a_1z+a_0=0$ の根である(これらは実軸上にないものとしよう)．

負の ω に対しては，z 平面の下半面の半円 $C_{-}(r)$ と実軸とからなる積分路を反時計まわりに回ることにより

3-4 複素フーリエ変換の計算 ── 83

$$\int_{-\infty}^{\infty} f(x)e^{i\omega x}dx = -2\pi i \sum_{n=1}^{M} \mathrm{Res}\,(f(z)e^{i\omega z};c_n') \qquad (\omega<0) \qquad (3.14)$$

と計算される. ただし, c_n' は z 平面の下半面内にある関数 $f(z)$ の極とする.

関数 $f(z)$ の極がどこにあるのかがわかり, その留数が簡単に求められる場合にはこの公式から簡単にフーリエ変換やフーリエ逆変換が計算できる.

例題 3.4 $f(x)=1/(x^2+1)$ のフーリエ変換を, 留数を計算することにより求めよ.

[解] この関数の極は $z=i$ と $-i$ にある.

$$F(\omega) = \int_{-\infty}^{\infty} \frac{1}{(x-i)(x+i)} e^{-i\omega x}dx$$

であるが, まず, $\omega<0$ の場合について $F(\omega)$ を計算してみる. このとき $-\omega>0$ となって, この積分は以上で述べた条件を満足している. このとき z 平面の上半面内に含まれる極は i で, これは 1 位の極であるから

$$F(\omega) = 2\pi i \left[\frac{(z-i)}{(z-i)(z+i)} e^{-i\omega z} \right]_{z=i} = \pi e^{\omega}$$

となる. 一方, $\omega>0$ の場合には, z 平面の下半面内の関数 $f(z)$ の極は $-i$ であるから

$$F(\omega) = -2\pi i \left[\frac{(z+i)}{(z-i)(z+i)} e^{-i\omega z} \right]_{z=-i} = \pi e^{-\omega}$$

となる. したがって,

$$F(\omega) = \pi e^{-|\omega|}$$

となることがわかる. ▌

════════════════════ **問 題 3-4** ════════════════════

1. $f(x)=1/\{(x^2+4)(x^2+9)\}$ のフーリエ変換を, 留数を計算することで求めよ.

2. 留数の定理を用いて, 関数 $F(\omega)=1/(a+i\omega)$ をフーリエ逆変換せよ. ただし, $a>0$ とする.

84 ——— **3** フーリエ変換

3-5 フーリエ変換の性質とその応用

以下の数節では，フーリエ変換の性質とその応用について調べよう．本節では，フーリエ変換の基本的性質を調べる．以下，a, b, c は複素定数で，$f(x)$, $g(x)$, $h(x)$ は $-\infty < x < \infty$ で定義された関数とする．

フーリエ変換の基本的性質

(1) **重ね合わせの原理**

$$\mathscr{F}[af(x)+bg(x)] = a\mathscr{F}[f(x)]+b\mathscr{F}[g(x)] \tag{3.15}$$

が成り立つ．これはフーリエ変換の定義から明らかであるが，各自確かめてみて欲しい．

(2) 実数 $s \neq 0$ に対して

$$\mathscr{F}[f(sx)](\omega) = \frac{1}{|s|}\mathscr{F}[f(x)]\left(\frac{\omega}{s}\right) \tag{3.16}$$

が成り立つ．$y=sx$ と置くと，x について $-\infty$ から ∞ まで積分することは，$s>0$ のときは，y について $-\infty$ から ∞ まで積分することに対応し，$s<0$ のときは，y について ∞ から $-\infty$ まで積分することに対応する．このことに注意すれば，フーリエ変換の定義式から，式(3.16)は容易に証明できる．

　［例 1］ フーリエ変換 $F(\omega)$ が，$|\omega|<\omega_M$ では $F(\omega)=1$ となり，$|\omega|>\omega_M$ では $F(\omega)=0$ となるような関数 $f(x)$ を考える．上の式(3.16)から，$f(2x)$ のフーリエ変換は $|\omega|<2\omega_M$ では 1 で，$|\omega|>2\omega_M$ では 0 となる．関数 $f(2x)$ はちょうど関数 $f(x)$ の 2 倍の速さで変化する関数であるから，そのような細かい変化を記述するには，2 倍の高周波までのスペクトルが必要なことがわかる．細かい動きは振動数の高い波 $e^{i\omega x}$ によって表わされる．$\blacksquare$

(3) フーリエ変換とフーリエ逆変換の対称性から

$$\mathscr{F}[\mathscr{F}[f](\omega)](x) = 2\pi f(-x) \tag{3.17}$$

を得る．

(4) **周波数シフトの法則**　$F(\omega)$ を関数 $f(t)$ のフーリエ変換とする．このと

き，周波数シフトの法則

$$\mathscr{F}[f(t)e^{i\omega_0 t}] = F(\omega-\omega_0) \tag{3.18}$$

が成り立つ．実際，

$$\mathscr{F}[f(t)e^{i\omega_0 t}] = \int_{-\infty}^{\infty}(f(t)e^{i\omega_0 t})e^{-i\omega t}dt$$

$$= \int_{-\infty}^{\infty}f(t)e^{-i(\omega-\omega_0)t}dt = F(\omega-\omega_0)$$

となる．

[例2] **通信における変調方式への応用**　周波数シフトの法則が通信における変調方式の基礎となっていることを，電話による音声信号の伝送を例にとって示そう．

人間が出すことのできる声や聞き取ることができる声の周波数の範囲は，数 10 ヘルツから数 10 キロヘルツであるといわれている．人間の発声する声(空気の振動)の波形を時間 t の関数として $f(t)$ と表わし，そのスペクトルを $F(\omega)$ $=\mathscr{F}[f(t)]$ と表わそう．人間が出したり聞き取ったりすることのできる声の周波数の範囲が限られているということは，このスペクトル $F(\omega)$ が 0 とならない範囲が限られていて，$F(\omega)=0\,(|\omega|>\omega_M)$ というような制限が与えられているということである．このような制限をもつ波形 $f(t)$ を**帯域制限波形**，ω_M をその帯域幅という．

電話線で音声信号を送るときには，空気の振動の波である音声をマイクロフォンで電気信号に変えて送るのであるが，電話線においては電気信号の伝わりやすい周波数帯域があり，これは音声信号の存在する(スペクトルが 0 でない)周波数帯域とは一致していない．そのために，音声信号を電気信号に変換する段階で，伝送に適したスペクトル帯域に移してやるという操作が一般に行なわれている．こうすると音の高低が変化するので，この操作を**変調**という．ここでは，最も基礎的な**振幅変調**(amplitude modulation. AM)について述べる．ラジオの AM 放送というのは，この方式のことである．

いま，電話線の特性上，音声信号を，周波数 ω_c を中心としたスペクトルを

もつ電気信号に変換して伝送したいとしよう．そのために，振幅変調方式では $\cos \omega_c t$ という搬送波の振幅を音声信号 $f(t)$ で変調した

$$g(t) = f(t)\cos \omega_c t = \frac{1}{2}f(t)(e^{i\omega_c t}+e^{-i\omega_c t})$$

という信号 $g(t)$ を考える．信号 $g(t)$ は**振幅変調信号**といわれ，そのスペクトル $G(\omega)$ を計算すると，周波数シフトの法則(3.18)により

$$G(\omega) = \frac{1}{2}\{F(\omega+\omega_c)+F(\omega-\omega_c)\} \qquad (3.19)$$

となる．すなわち，音声信号は，周波数 $\pm\omega_c$ を中心とするスペクトルをもつ電気信号に変換されることがわかる．

次に，振幅変調信号 $g(t)=f(t)\cos \omega_c t$ が伝送されてきて，これを受信したとしよう．どうやって，もとの音声信号を復元すればよいのだろうか．これを**復調**，あるいは，**検波**という．復調は受信信号 $g(t)$ に $\cos \omega_c t$ をかけることによって実現される．実際

$$g(t)\cos \omega_c t = f(t)\cos^2 \omega_c t = \frac{1}{2}f(t)(1+\cos 2\omega_c t)$$

となるので，そのスペクトルは

$$\mathscr{F}[g(t)\cos \omega_c t] = \frac{1}{2}\{\mathscr{F}[f(t)]+\mathscr{F}[f(t)\cos 2\omega_c t]\}$$

となる．この式の右辺は式(3.19)により

$$\frac{1}{2}F(\omega)+\frac{1}{4}\{F(\omega+2\omega_c)+F(\omega-2\omega_c)\}$$

と計算される．したがって，図3-7からわかるように，もし $\omega_c > \omega_M$ ならば，

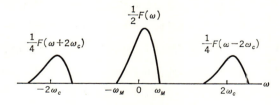

図3-7 振幅変調波のスペクトル

3-5 フーリエ変換の性質とその応用 ———— 87

$g(t) \cos \omega_c t$ のスペクトルの $|\omega| < \omega_M$ の部分 $F(\omega)/2$ を取り出すことによって，もとの音声信号のスペクトルを復元できることがわかる. ▮

(5) **微分演算**　フーリエ級数の微分と同様，フーリエ変換の微分も非常に簡単なものとなる.

いま，関数 $f(x)$ とその微係数 $f'(x)$ のフーリエ変換が存在するとして，微係数 $f'(x)$ のフーリエ変換がどうなるかを見てみよう. 部分積分により

$$\mathcal{F}[f'] = \int_{-\infty}^{\infty} f'(x) e^{-i\omega x} dx$$

$$= [f(x) e^{-i\omega x}]_{-\infty}^{\infty} - \int_{-\infty}^{\infty} (-i\omega) f(x) e^{-i\omega x} dx$$

となる. 関数 $f(x)$ が絶対可積分などフーリエ変換可能であれば，上式の右辺の第1項は 0 となるので，上式はさらに

$$\mathcal{F}[f'] = \int_{-\infty}^{\infty} i\omega f(x) e^{-i\omega x} dx = i\omega \mathcal{F}[f] \qquad (3.20)$$

となる. このことから，<u>関数を微分することはフーリエ変換では $i\omega$ をかけるという簡単な代数的操作に置き変わる</u>ことがわかる. 記号的に書けば

$$\mathcal{F}[f'(x)] = i\omega \mathcal{F}[f(x)] \qquad (3.21)$$

となる. これを繰り返し用いれば，$f^{(n)}(x)$ を関数 $f(x)$ の x についての n 階微分として

$$\mathcal{F}[f^{(n)}(x)] = (i\omega)^n \mathcal{F}[f(x)] \qquad (3.22)$$

を得る.

〰〰〰〰〰〰〰〰〰〰〰〰〰〰〰〰 **問　題 3-5** 〰〰〰〰〰〰〰〰〰〰〰〰〰〰〰〰

1. 式 (3.16) を示せ.

2. 式 (3.17) を示せ.

88 ——— **3** フーリエ変換

3-6 線形システムの解析

2-3 節で論じたように，入力 $u(t)$ に対し，$v(t)$ が出力されるようなシステムの特性を

$$v(t) = \mathrm{T}[u(t)]$$

で表わすとき，

$$\mathrm{T}[a_1 u_1(t) + a_2 u_2(t)] = a_1 \mathrm{T}[u_1(t)] + a_2 \mathrm{T}[u_2(t)]$$

を満たすシステムを**線形システム**という．本節では線形システムの解析を行ないながら，フーリエ変換の性質をさらに明らかにしていこう．

インパルス応答　線形システムに入力 $f(t)$ を加えたときの出力は，システムにデルタ関数で表わせるような入力を加えたときの出力をもとに計算できるという著しい性質をもっている．すなわち，デルタ関数入力 $\delta(t)$ に対する応答を

$$h(t) = \mathrm{T}[\delta(t)]$$

と置くと，デルタ関数の性質

$$f(t) = \int_{-\infty}^{\infty} f(s)\delta(t-s)ds$$

と，T の線形性により，積分と T を演算する順序を交換できることから

$$\mathrm{T}[f(t)] = \mathrm{T}\left[\int_{-\infty}^{\infty} f(s)\delta(t-s)ds\right]$$

$$= \int_{-\infty}^{\infty} f(s)\mathrm{T}[\delta(t-s)]ds = \int_{-\infty}^{\infty} f(s)h(t-s)ds \qquad (3.23)$$

を得る．ただし，システムの特性が時間的に不変（**時不変**という）であり，したがって

$$h(t-s) = \mathrm{T}[\delta(t-s)] \qquad (3.24)$$

が成り立つものとした．デルタ関数で表わされるインパルスの応答という意味で，関数 $h(t)$ を**インパルス応答**（impulse response）という．時間的に不変な特

性をもつ線形システムの任意の入力 $f(t)$ に対する応答 $\mathrm{T}[f(t)]$ は，インパルス応答 $h(t)$ さえ調べてあれば，式(3.23)で計算できるのである．コンサートホールの音響特性を「パン！」というインパルスによって調べるというのは，この原理によるものである．

合成積　さて，式(3.23)の最右辺の積分は，理工学でしばしば現われる**合成積**（たたみこみ，**接合積**ともいう）である．任意の関数 $f(t)$, $g(t)$ の合成積を

$$f*g(t) = \int_{-\infty}^{\infty} f(s)g(t-s)ds \qquad (3.25)$$

と書く（フーリエ級数のところ（66 ページ）では積分の範囲が有限なものを合成積といったが，混同はしないと思うので同じ記号で書こう）．上式において $t-s$ $=y$ と置くと $s=t-y$ となって，式(3.25)の右辺は

$$\int_{-\infty}^{\infty} g(y)f(t-y)dy = g*f(t)$$

と書き直せる．すなわち，

$$f*g(t) = g*f(t)$$

が成り立つ．これは，<u>合成積が積の順序によらない</u>ことを示している．合成積の記号を用いれば，入力 $f(t)$ と出力 $\mathrm{T}[f(t)]$ の関係は，式(3.23)により

$$\mathrm{T}[f(t)] = f*h(t) = h*f(t) \qquad (3.26)$$

と書かれる．

伝達関数　ここで，以上の解析を違った立場から考え直してみよう．いま，システムに $e^{i\omega t}$ という正弦波的入力が加えられたときの出力を

$$\mathrm{T}[e^{i\omega t}] = H(i\omega)e^{i\omega t} \qquad (3.27)$$

と書く．入力 $f(t)$ に対するシステムの応答は

$$\mathrm{T}[f(t)] = \frac{1}{2\pi}\int_{-\infty}^{\infty} \mathscr{F}[f(t)](\omega)\mathrm{T}[e^{i\omega t}]d\omega$$

$$= \frac{1}{2\pi}\int_{-\infty}^{\infty} \mathscr{F}[f(t)](\omega)H(i\omega)e^{i\omega t}d\omega \qquad (3.28)$$

と求められることがわかる．関数 $H(i\omega)$ はインパルス応答の定義式と式(3.26)

90 ───── **3** フーリエ変換

から $H(i\omega)e^{i\omega t} = \mathrm{T}[e^{i\omega t}] = h*e^{i\omega t}$ と計算されるので，

$$H(i\omega)e^{i\omega t} = \int_{-\infty}^{\infty} h(s)e^{i\omega(t-s)}ds = \left[\int_{-\infty}^{\infty} h(s)e^{-i\omega s}ds\right]e^{i\omega t}$$

と計算される．したがって

$$H(i\omega) = \int_{-\infty}^{\infty} h(s)e^{-i\omega s}ds = \mathscr{F}[h] \tag{3.29}$$

となり，$H(i\omega)$ はインパルス応答 $h(t)$ のフーリエ変換であることがわかる．この関数は正弦波的入力が何倍となって出力に現われるかを示すもので，**伝達関数**（あるいは**周波数特性**）と呼ばれる．

ここで，式(3.26)と式(3.28)を比較すると，式(3.6)より任意の関数 $f(t)$ と $h(t)$（式(3.26)では h は応答としているが，回路は任意なので h も任意関数としてよい）に対して

$$f*h = \mathscr{F}^{-1}\{\mathscr{F}[f]\mathscr{F}[h]\}$$

すなわち

$$\mathscr{F}[f*h] = \mathscr{F}[f]\mathscr{F}[h] \tag{3.30}$$

が成り立つことがわかる．すなわち，<u>合成積のフーリエ変換はフーリエ変換の積となる</u>ことがわかる．式(3.30)は直接計算することによっても簡単に導出することができるので，読者は自ら試して欲しい．

フーリエ変換とフーリエ逆変換の対称な性質によって

$$2\pi\mathscr{F}[f(t)g(t)] = \mathscr{F}[f(t)]*\mathscr{F}[g(t)] \tag{3.31}$$

も成り立つ．

例題 3.5 伝達関数が

$$H(i\omega) = \begin{cases} Ae^{-i\tau\omega} & (|\omega|\leqq\omega_f.\ \ \tau\text{ は定数}) \\ 0 & (|\omega|>\omega_f) \end{cases}$$

となる線形システムを**理想低域通過フィルタ**といい，ω_f を**遮断周波数**という．このフィルタのインパルス応答を求めよ．また，このフィルタに入力として $f(t)$ を入れたときの出力を合成積の形に表わせ．

［解］ 式(3.29)から，このフィルタのインパルス応答は

$$h(t) = \mathcal{F}^{-1}[H]$$

$$= \frac{1}{2\pi}\int_{-\infty}^{\infty} H(i\omega)e^{i\omega t}d\omega = \frac{1}{2\pi}\int_{-\omega_f}^{\omega_f} Ae^{i\omega(t-\tau)}d\omega$$

$$= \frac{A}{2\pi i(t-\tau)}\left(e^{i\omega_f(t-\tau)} - e^{-i\omega_f(t-\tau)}\right) = \frac{A}{\pi}\frac{\sin\omega_f(t-\tau)}{t-\tau}$$

と求められる.

　このフィルタは明らかに時間不変な特性をもっているので，入力 $f(t)$ に対する応答 $g(t)$ は，式 (3.26) から

$$g(t) = \frac{A}{\pi}\int_{-\infty}^{\infty}\frac{\sin\omega_f(s-\tau)}{s-\tau}f(t-s)ds$$

と求められる. $s<0$ でも $h(s)$ が 0 とならないため，$g(t)$ は，時刻 t より将来の時刻 $t'=t-s\,(>t)$ における $f(t')$ の値をも使って決められる. これは，いわゆる原因があって結果が生じるという因果律に反している（$t<0$ で $h(t)=0$ となる系を因果律を満たす系という）.

　したがって，電気回路などの物理的な因果律に従うシステムによって理想低域フィルタを実現することはできないことがわかる. 応答の時間遅れが問題にならないときには，いったん $f(t)$ の値を記憶しておいてこれを使い，上式を計算することによって理想フィルタを実現できる. これはコンピュータを用いるのに適した方法である. なお，コンピュータを使ってフィルタを実現したものを**デジタルフィルタ**という. ▌

||||||||||||||||||||||||||||||||||||||||||||||||| 問　題 3-6 |||||||||||||||||||||||||||||||||||||||||||||||||

1. 伝達関数が

$$H(\omega) = \begin{cases} 0 & (|\omega|<\omega_a) \\ Ae^{-i\tau\omega} & (\omega_a \leqq |\omega| \leqq \omega_b) \\ 0 & (\omega_b < |\omega|) \end{cases}$$

となる線形システムを**理想帯域通過フィルタ**という. このフィルタのインパルス応答を求めよ.

2. 式 (3.30) を用いて

92 ——— **3** フーリエ変換

$$F(\omega) = \frac{1}{(a+i\omega)^2}$$

のフーリエ逆変換を求めよ.

3-7 パーシバルの等式とその応用

本節ではフーリエ級数に対するパーシバルの等式をフーリエ変換に拡張し,エネルギースペクトルの概念とその応用について論じる.

パーシバルの等式 フーリエ級数のときと同様,関数 $f(x)$ を 2 乗して $-\infty$ から ∞ まで積分した量

$$\int_{-\infty}^{\infty} |f(x)|^2 dx$$

が関数 $f(x)$ のフーリエ変換 $F(\omega)$ によってどのように表わされるか,考えてみよう.

$$2\pi \int_{-\infty}^{\infty} |f(x)|^2 dx = 2\pi \left[\int_{-\infty}^{\infty} f(x)f^*(x)e^{-i\omega x}dx \right]_{\omega=0}$$

となるから,式(3.31)より,さらに

$$= \left[\int_{-\infty}^{\infty} \mathscr{F}[f](y)\mathscr{F}[f^*](\omega-y)dy \right]_{\omega=0}$$

$$= \int_{-\infty}^{\infty} \mathscr{F}[f](y)\mathscr{F}[f^*](-y)dy$$

となる.ここで

$$\mathscr{F}[f^*](-y) = \int_{-\infty}^{\infty} f^*(x)e^{-i(-y)x}dx$$

$$= \left\{ \int_{-\infty}^{\infty} f(x)e^{-iyx}dx \right\}^* = \{\mathscr{F}[f](y)\}^*$$

となることから

$$\int_{-\infty}^{\infty} |f(x)|^2 dx = \frac{1}{2\pi} \int_{-\infty}^{\infty} |F(\omega)|^2 d\omega \tag{3.32}$$

3-7 パーシバルの等式とその応用 —— 93

を得る. これを**パーシバル**(Parseval)**の等式**という.

物理例 2-6 節においてフーリエ級数のパーシバルの等式の物理例をあげたが, これと同様の考察をしてみよう. すなわち, 1Ω の抵抗に電流 $i(t)$ $(-\infty < t < \infty)$ が流れたとしよう. 抵抗の両端の電圧降下は $v(t) = Ri(t) = i(t)$ で与えられるから, この抵抗に流れ込んだ全エネルギーは

$$E = \int_{-\infty}^{\infty} |i(t)|^2 dt$$

で与えられる. 式(3.32)で左辺の $f(x)$ が電流 $i(t)$ であるとすると, パーシバルの等式は, 周波数領域では ω と $\omega + d\omega$ の間に $|F(\omega)|^2 d\omega/2\pi$ の割合で全エネルギー E が分布していることを表わしていると理解できる. その意味で

$$E(\omega) = |F(\omega)|^2$$

を**エネルギースペクトル**という. |

例題 3.6 例題 3.1 の (1) において, 関数

$$f(x) = \begin{cases} \dfrac{1}{2} & (|x| \leqq 1) \\ 0 & (|x| > 1) \end{cases}$$

のフーリエ変換を求めた. この結果を利用して, パーシバルの等式を具体的に書き下すことにより, 次の公式を示せ.

$$I = \int_{-\infty}^{\infty} \left(\frac{\sin \omega}{\omega}\right)^2 d\omega = \pi$$

[解] 与えられた関数 $f(x)$ のフーリエ変換は $F(\omega) = (\sin \omega)/\omega$ である. パーシバルの等式を書くと

$$\int_{-\infty}^{\infty} f^2(x) dx = \int_{-1}^{1} \left(\frac{1}{2}\right)^2 dx = \frac{1}{2} = \frac{1}{2\pi} I$$

となり, 所望の公式を得る. |

ウィーナー・ヒンチンの定理 エネルギースペクトル $E(\omega)$ は, 時間の領域では何を表わしているかを調べよう. すなわち, $E(\omega)$ のフーリエ逆変換を取ってみると, 次のようになる.

94 ——— **3** フーリエ変換

$$\mathcal{F}^{-1}[E(\omega)](\tau) = \frac{1}{2\pi}\int_{-\infty}^{\infty}E(\omega)e^{i\omega\tau}d\omega$$

$$= \frac{1}{2\pi}\int_{-\infty}^{\infty}|F(\omega)|^2 e^{i\omega\tau}d\omega$$

$$= \frac{1}{2\pi}\int_{-\infty}^{\infty}\Big\{F(-\omega)\int_{-\infty}^{\infty}f(t)e^{-i\omega t}dt\Big\}e^{i\omega\tau}d\omega$$

$$= \int_{-\infty}^{\infty}\Big\{f(t)\frac{1}{2\pi}\int_{-\infty}^{\infty}F(\omega')e^{i\omega'(t-\tau)}d\omega'\Big\}dt$$

$$= \int_{-\infty}^{\infty}f(t)f(t-\tau)dt \tag{3.33}$$

ただし, f が実関数のとき, $F^*(\omega)=F(-\omega)$ となることを用いた(例題3.2の (2)). 式(3.33)の最右辺は, 関数 $f(t)$ の**自己相関関数**と呼ばれる関数である. ところで, 関数 $f(t)$ と関数 $g(t)$ がどのくらい似ているかをはかる尺度に, 相互相関関数

$$R_{fg}(\tau) = \int_{-\infty}^{\infty}f(t)g(t-\tau)dt \tag{3.34}$$

がある. これは, 合成積の記号を用いれば

$$R_{fg}(\tau) = \{f(t)*g(-t)\}(\tau)$$

と書ける. この $R_{fg}(\tau)$ において $g=f$ とおいた関数が, 自己相関関数である. 式(3.33)は, <u>自己相関関数 $R_{ff}(\tau)$ とエネルギースペクトル $E(\omega)$ がフーリエ変換によって結ばれている</u>ことを示している. これを**ウィーナー・ヒンチン** (Wiener-Khintchine) **の定理**といい, 記号的に書けば

$$E(\omega) = |F(\omega)|^2 = \mathcal{F}[R_{ff}(\tau)]$$
$$R_{ff}(\tau) = \mathcal{F}^{-1}[E(\omega)] \tag{3.35}$$

となる.

例題3.7 インパルス応答 $h(t)$ をもつ時間的に特性が不変な線形システムに, 自己相関関数が $R_{uu}(\tau)=\delta(\tau)$ となる入力 $u(t)$ が加えられたとする. このとき出力 $v(t)$ と入力 $u(t)$ の相互相関関数を $R_{vu}(\tau)$ とすると, $R_{vu}(\tau)=h(\tau)$ となることを示せ.

[解]
$$R_{vu}(\tau) = \{u(-t)*v(t)\}(\tau)$$

と書ける．ここで(3.26)により

$$v(t) = h*u(t)$$

であるから，

$$R_{vu}(\tau) = u(-t)*(h(t)*u(t)) = h(t)*(u(t)*u(-t))$$

となる．ただし，合成積の性質 $a*b=b*a$ および $a*(b*c)=(a*b)*c$ を用いた．$\{u(t)*u(-t)\}(t)=R_{uu}(t)=\delta(t)$ であるから，結局

$$R_{vu}(\tau) = \{h(t)*\delta(t)\}(\tau) = \int_{-\infty}^{\infty} h(t)\delta(\tau-t)dt = h(\tau)$$

を得る． ∎

　例題 3.7 で仮定したような，自己相関関数がデルタ関数となる入力 $u(t)$ は，ある種の雑音として容易に実現できることが知られている．自己相関関数がデルタ関数となる関数 u のエネルギースペクトルは，ウィーナー・ヒンチンの定理(3.35)により $E(\omega)=|\mathscr{F}[u](\omega)|^2=\mathscr{F}[R_{uu}(\tau)]=\mathscr{F}[\delta(\tau)]=1$ となるので，すべての周波数成分を等しく含むような雑音となる．これは光にたとえると，すべての振動数の光を等しい割合で含むような光，すなわち白色光と考えられるので，**白色雑音**(ホワイトノイズ)と呼ばれる．例題 3.7 は，白色雑音を未知の線形システムに入力し，入力と出力の相互相関関数を調べれば，未知システムの特性を表わす $h(t)$ がわかることを示しており，工学的な応用価値の高い結果である．

||||||||||||||||||||||||||||||||||||||||||||||| **問　題 3-7** |||||||||||||||||||||||||||||||||||||||||||||||

1. F および G をそれぞれ f および g のフーリエ変換とするとき

$$\int_{-\infty}^{\infty} f(x)g^*(x)dx = \frac{1}{2\pi}\int_{-\infty}^{\infty} F(\omega)G^*(\omega)d\omega$$

が成り立つことを示せ(∗は複素共役を表わす)．さらに

$$G^*(\omega) = \phi(\omega)$$

とおくと

96 ———— **3** フーリエ変換

$$g^*(x) = \frac{1}{2\pi} \mathscr{F}[\phi(\omega)](x)$$

したがって

$$\int_{-\infty}^{\infty} f(x)\mathscr{F}[\phi(\omega)](x)dx = \int_{-\infty}^{\infty} \mathscr{F}[f(x)](\omega)\phi(\omega)d\omega$$

となることを確かめよ.

  2. 問1の結果と例題3.1の(1)の結果を利用して，次の積分の値を求めよ.

$$I = \int_{-\infty}^{\infty} \frac{\sin a\omega \sin b\omega}{\omega^2} d\omega$$

ただし，$a, b \geqq 0$ とする.

  3. 伝達関数が $H(\omega)$ で与えられる線形システムにエネルギースペクトル $E_f(\omega)$ をもつ入力 $f(t)$ が与えられたとき，出力 $g(t)$ のエネルギースペクトルを求めよ.

3-8 超関数のフーリエ変換

　フーリエ変換が求まるためには，関数の絶対値を $-\infty$ から ∞ まで積分したものが有限でなければならないなどの，かなり厳しい条件がついていた．例えば，恒等的に 1 となる関数を $-\infty$ から ∞ まで積分すると発散してしまうから，そのフーリエ変換を求めることができなかった．まして，x^n といった $|x|$ の無限遠で発散するような関数のフーリエ変換は定義できなかった．本節では，ディラックのデルタ関数などの超関数を用いると，このような関数に対してもフーリエ変換が計算できることを示そう.

　超関数のフーリエ変換　$\phi(\omega)$ を 2-4 節で述べたような，何回でも微分でき，$|\omega| \to \infty$ で任意の多項式の逆数より速く 0 となる任意の関数(このような関数を**良い関数**という)とすると，$\mathscr{F}[\phi]$ も良い関数となることが知られている．したがって，$f(x)$ が $|x| \to \infty$ で多項式程度に発散しても，積分

$$\int_{-\infty}^{\infty} f(x)\mathscr{F}[\phi]dx$$

は収束する．問題 3-7 問 1 により，これは

$$\int_{-\infty}^{\infty} \mathscr{F}[f]\phi(\omega)d\omega$$

に一致する．したがって，超関数 f のフーリエ変換 $\mathscr{F}[f]$ を

$$\int_{-\infty}^{\infty} \mathscr{F}[f]\phi(\omega)d\omega = \int_{-\infty}^{\infty} f(x)\mathscr{F}[\phi]dx \tag{3.36}$$

によって定義できる．すなわち，この式の右辺はつねに収束するから，$\mathscr{F}[f]$ を良い関数 $\phi(\omega)$ と掛け，その積分をとったものの値が右辺の積分の値としてつねに定まるのである．

同様に，超関数 f のフーリエ逆変換を

$$\int_{-\infty}^{\infty} \mathscr{F}^{-1}[f]\phi(\omega)d\omega = \int_{-\infty}^{\infty} f(x)\mathscr{F}^{-1}[\phi]dx \tag{3.37}$$

によって定義できる．

　［例1］　(1)　**ディラックのデルタ関数のフーリエ変換**　2-4 節で述べたデルタ関数の定義から

$$\mathscr{F}[\delta] = \int_{-\infty}^{\infty} \delta(x)e^{-i\omega x}dx = e^0 = 1 \tag{3.38}$$

となる．すなわち，ディラックのデルタ関数のフーリエ変換は，恒等的に 1 となる関数である．

　(2)　**定数関数 1 のフーリエ変換**　1 で恒等的に値 1 をとる関数を表わす．問題 3-7 問 1 の結果により

$$\begin{aligned}
\int_{-\infty}^{\infty} \mathscr{F}[1](\omega)\phi(\omega)d\omega &= \int_{-\infty}^{\infty} 1 \cdot \mathscr{F}[\phi](x)dx \\
&= \int_{-\infty}^{\infty} \mathscr{F}[\phi]e^{i0x}dx = 2\pi\phi(0) \\
&\quad \left(\because \int_{-\infty}^{\infty} \mathscr{F}[\phi]e^{i\omega x}dx = 2\pi\phi(\omega) \right) \\
&= \int_{-\infty}^{\infty} 2\pi\delta(\omega)\phi(\omega)d\omega
\end{aligned}$$

となる．これから

98 ——— **3** フーリエ変換

$$\mathscr{F}[1] = 2\pi\delta(\omega) \tag{3.39}$$

となることがわかる．定数関数 1 の普通の意味でのフーリエ変換は存在しなかったが，超関数の意味でそれはデルタ関数の 2π 倍になるのである．┃

超関数のフーリエ変換の性質　普通の関数に対して成り立つフーリエ変換の性質は，超関数のフーリエ変換に対しても成立することが知られている．ここでは，超関数のフーリエ変換に対して成り立つ性質をまとめておこう．以下，f, g, h は超関数であり，ϕ は良い関数とする．

(P 1)　$\mathscr{F}[f(ax)](\omega) = \dfrac{1}{|a|}\mathscr{F}[f(x)]\left(\dfrac{\omega}{a}\right)$

(P 2)　$\mathscr{F}[f(x-y)](\omega) = \mathscr{F}[f(x)](\omega)e^{-i\omega y}$

(P 3)　$\mathscr{F}[f(x)e^{ikx}](\omega) = \mathscr{F}[f(x)](\omega-k)$

(P 4)　$\mathscr{F}[f'](\omega) = i\omega\mathscr{F}[f]$

(P 5)　$\mathscr{F}[f^{(n)}](\omega) = (i\omega)^n\mathscr{F}[f]$

(P 6)　$(\mathscr{F}[f])'(\omega) = \mathscr{F}[-ixf](\omega)$

(P 7)　$\mathscr{F}^{-1}[f(\omega)](x) = \dfrac{1}{2\pi}\mathscr{F}[f(-\omega)](x)$

例題3.8　次の関数のフーリエ変換を求めよ．

(1)　ディラックのデルタ関数の n 階微分 $\delta^{(n)}$

(2)　e^{ikx}

(3)　$\sin kx$

(4)　$\cos kx$

[解]　(1)　超関数のフーリエ変換の性質 (P 5) から

$$\mathscr{F}[\delta^{(n)}(x)] = (i\omega)^n\mathscr{F}[\delta(x)] = (i\omega)^n$$

(2)　(P 3) から

$$\mathscr{F}[e^{ikx}](\omega) = \mathscr{F}[1](\omega-k) = 2\pi\delta(\omega-k)$$

(3)　(2) の結果から

$$\mathscr{F}[\sin kx] = \mathscr{F}\left[\frac{e^{ikx}-e^{-ikx}}{2i}\right] = -i\pi(\delta(\omega-k)-\delta(\omega+k))$$

(4)　(3) と同様に

3-8 超関数のフーリエ変換 —— 99

$$\mathscr{F}[\cos kx] = \pi(\delta(\omega-k)+\delta(\omega+k))$$

例題 3.8 の (1) の解の両辺をフーリエ逆変換し，(P 7) を適用すると

$$\mathscr{F}[(-ix)^n](y) = 2\pi\delta^{(n)}(y)$$

となる．これから，

$$\mathscr{F}[x^n](y) = 2\pi i^n\delta^{(n)}(y)$$

を得る．このように，多項式 x^n のフーリエ変換も，超関数を考えることによって計算できる．

超関数の収束　$a\to b$ のとき超関数 f_a が超関数 f に収束するとは，任意の良い関数 ϕ に対して

$$\lim_{a\to b}\int_{-\infty}^{\infty}f_a(x)\phi(x)dx = \int_{-\infty}^{\infty}f(x)\phi(x)dx$$

が成り立つことをいう．超関数を考えるときは，良い関数との積の積分の値のみを問題にする，という考え方である．超関数の極限を考えることは超関数のフーリエ変換の計算においてしばしば有用なことが知られている．いま，f_a が $a\to b$ のとき f に収束するとしよう．このとき良い関数 ϕ に対して

$$\lim_{a\to b}\int_{-\infty}^{\infty}\mathscr{F}[f_a]\phi(\omega)d\omega = \lim_{a\to b}\int_{-\infty}^{\infty}f_a(x)\mathscr{F}[\phi]dx$$

$$= \int_{-\infty}^{\infty}f(x)\mathscr{F}[\phi]dx = \int_{-\infty}^{\infty}\mathscr{F}[f]\phi(\omega)d\omega$$

となる．すなわち，$a\to b$ のとき f_a が f に収束すると，$\mathscr{F}[f_a]$ も $\mathscr{F}[f]$ に収束することがわかった．

[例 2]　(1)　$a>0$ のとき，$\mathscr{F}[e^{-at}u(t)]=1/(i\omega+a)$ である．ただし，$u(t)$ はヘビサイドの階段関数である．a を正に保ったまま 0 とする（これを $a\to 0+$ と書く）とき，$e^{-at}u(t)$ は $u(t)$ に収束するから，ヘビサイドの階段関数のフーリエ変換の公式

$$\lim_{a\to 0+}\frac{1}{i\omega+a} = \mathscr{F}[u(t)] \tag{3.40}$$

を得る．

(2)　$a>0$ のとき，$\mathscr{F}[a/\pi(x^2+a^2)]=e^{-a|\omega|}$ である．したがって，$a\to 0+$ のと

100 —— **3** フーリエ変換

き，$e^{-a|\omega|} \to 1$ となる．$\mathscr{F}[\delta(x)]=1$ であったから，$a\to 0+$ で $\mathscr{F}[a/\pi(x^2+a^2)]\to \mathscr{F}[\delta(x)]$ となる．すなわち，

$$\lim_{a\to 0+}\frac{a}{\pi(x^2+a^2)} = \delta(x) \tag{3.41}$$

を得る． ∎

━━━━━━━━━━━━━━━━━━━━ 問　題 3-8 ━━━━━━━━━━━━━━━━━━━━

1. 次の公式を示せ．

$$\delta(x) = \frac{1}{2\pi}\int_{-\infty}^{\infty} e^{i\omega x}d\omega$$

2. 両辺のフーリエ変換を比較することにより，次の公式を示せ．

$$\lim_{a\to\infty}\frac{a}{2}e^{-a|x|} = \delta(x)$$

━━━

第 3 章 演 習 問 題

[1]　$v=A\cos(\omega t-kx+\phi)$ で表わされる波は**単振動**と呼ばれる．これを複素化した波 $u=e^{i(\omega t-kx+\phi)}$ は実在の波ではないが，複素指数関数の方が数学的取扱いが便利なので，応用上よく用いられる．実際の波を表わしたければ，$\mathrm{Re}[u]=v$ によって v を得ればよい．波 u の位相が一定値 c となるのは $\omega t-kx+\phi=c$ を満たす x と t であるが，これは x-t 平面における直線となる．その意味で u を**平面波**という（3次元空間での波を考えるときには，等位相になるのが平面となるので）．

　さて，平面波 $u=e^{i(\omega t-kx)}$ で表わされる光が $x=0$ の位置に置かれたスクリーンに入射してきたとする（下図(a)）．スクリーンの場所 y では，光を $t(y)$ の割合で透過させ，y と $y+dy$ の微小スクリーンを透過していく波は，x 軸と角度 θ の方向から見ると

$$t(y)e^{i(\omega t-py)}dy, \qquad p=k\sin\theta$$

で与えられる．したがって，全スクリーンからの寄与を考えることにより，透過波を x 軸と角度 θ の方向から見たときの波は

$$\int_{-\infty}^{\infty} t(y)e^{-ipy}dy e^{i\omega t}, \qquad p = k\sin\theta$$

で与えられる．この式において

$$F(p) = \int_{-\infty}^{\infty} t(y)e^{-ipy}dy$$

を**回折パターン**というが，これはちょうどスクリーンの**透過パターン** $t(y)$ のフーリエ変換になっている．

いま，下図(b)のようなスリット

$$t(y) = \begin{cases} 1 & (|y| \leqq a) \\ 0 & (|y| > a) \end{cases}$$

を光が入射するときの，回折パターンを計算せよ．

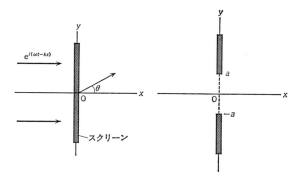

(a) $x=0$ の位置におかれたスクリーンに入射する平面波　(b) $-a$ から a まで開いたスリット

問 [1] の図

[2] 関数 $f(x) = e^{-a|x|}$ のフーリエ積分表示を求めよ．また，この公式において $x=1$ とおくと，どんな公式が得られるか．

[3] 公式

$$\int_{-\infty}^{\infty} e^{-ax^2}dx = \sqrt{\frac{\pi}{a}}$$

を用いて，関数

$$f(x) = e^{-ax^2}$$

のフーリエ変換を求めよう．$F(\omega)$ を f のフーリエ変換とするとき，

$$F'(\omega) + \frac{\omega F(\omega)}{2a} = 0, \qquad F(0) = \int_{-\infty}^{\infty} e^{-ax^2}dx$$

を示し，これを解くことにより $F(\omega)$ を求めよ．

[4] 関数 $f(x)$ のフーリエ変換 $F(\omega)$ が

$$F(\omega) = \begin{cases} 1 & (0 \leq \omega < 1) \\ 0 & (\text{その他の } \omega) \end{cases}$$

で与えられるとき，次の関数のフーリエ変換を積分を計算することなく求め，図に示せ．

(1) $2f(x)$　　　(2) $f(2x)$

[5] 次の積分方程式を解いて $\phi(x)$ を求めよ．

(1) $\displaystyle\int_0^\infty \phi(x) \sin kx\, dx = e^{-k}$

(2) $\displaystyle\int_{-\infty}^\infty \frac{\phi(y)\, dy}{(x-y)^2 + a^2} = \frac{1}{x^2 + b^2}$ 　　$(0 < a < b)$

[6] 留数の定理を用いて次の関数のフーリエ逆変換を求めよ．

(1) $F(\omega) = \dfrac{2a}{a^2 + \omega^2}$　　　(2) $F(\omega) = \dfrac{b}{(a+i\omega)^2 + b^2}$

Coffee Break

数学と物理と工学のちょっとした違い

『物理のための数学』（岩波書店，物理入門コース第10巻）のコーヒー・ブレイクには，虚数単位 $\sqrt{-1}$ を i と書くことの歴史が書かれている．ところが，電気では，$\sqrt{-1}$ を i とは書かないで，j と書くのである．それは，i を，電気屋として最も大切なものの1つである電流を表わすのに使いたいためである（電気屋は電流をアイするからだという人もいる）．そういうこともあって，論文を読むときには，虚数単位の表わし方が気になるのである．そういう目でみると，数学の論文では虚数単位をそのままずばり $\sqrt{-1}$ と書く人が多いことを感じる．これは，数学ではその厳密性のために，虚数単位 i でさえもその記号を無定義では使わずに $\sqrt{-1}$ と書くのではないかと想像している．物理では文句なしに i を使っているようである．

このように，非常に一般的と思える虚数単位にしてみても，数学と物理と工学では，その表わし方がすこしずつ違うのである．そして，このような文化の違いは，ほかにもいろいろなところで感じられる．2,3の例を挙げてみよう．論文発表の際，数学では黒板に手書きして講演することが多いようだが，物理や工学ではOHPやスライドを使うことが多い．また，名前のローマ字表記の際，物理は文部省式の表示（国語で習った書き方）で名前を綴る人がかなり多いが，数学と工学ではほとんどヘボン式ではないだろうか．また，のんべえの著者はお酒を飲みにいったときの習慣も数学と物理と工学でちょっと違うという印象をもっているが，これはさらに脱線してしまうことになるので，これくらいにしておこう．

一般化フーリエ級数

本章ではフーリエ級数とベクトルとの関係を明らかにする．これにより，フーリエ級数についての理解が深まるだけでなく，応用への道が広く開かれる．また，きわめて自然な形でフーリエ級数展開を拡張できることを示す．このようなことを勉強すると，読者の皆さんは三角関数のもつ隠された意味に感動を覚えるに違いない．

4-1　フーリエ級数とベクトル空間

1-2 節でフーリエ係数の公式 (1.4) を導くときに，三角関数系の直交性を利用したが，関数が直交するということについては，くわしく議論しなかった．本節ではこの点を掘り下げ，有限次元ベクトルの理論とフーリエ級数の理論とが，じつに見事に対応することを明らかにしよう．その結果，フーリエ級数のベクトル空間論的な幾何学的理解ができるようになる．また，応用上も，物理などで有用なヒルベルト空間の理論の入口に，自然に立つことができる．

3 次元ベクトル　まず，3 次元空間内のベクトルの理論について復習しよう．ベクトルは向きと長さ(大きさ)によって定義されるもので，図 4-1 のような**矢印**で表わすことができる．

いま，3 次元空間内に x-y-z 直交座標系を定め，原点にベクトルの始点が位置するようにベクトルを平行移動すれば，ベクトルは終点の座標によって表わされる．したがって，3 つの実数の組 (a_x, a_y, a_z) が与えられたとき，これは始点が原点にあり，終点が点 (a_x, a_y, a_z) にあるベクトル $\boldsymbol{a}$ であると考えれば，3 つの実数の組 (a_x, a_y, a_z) をベクトルと考えることができる．

そこで，以下 3 つの実数の組 (a_x, a_y, a_z) も単にベクトルといい，それに対応する図 4-1 のような矢印で表わされるベクトルをその**矢印表示**ということにす

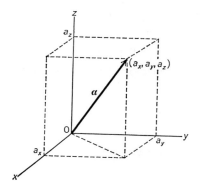

図 4-1　ベクトルの矢印表示

る．また，逆に，矢印で表わされたベクトルに対し，それに対応する3つの実数の組 (a_x, a_y, a_z) をそのベクトルの**成分表示**という．

2つのベクトル $\boldsymbol{a}=(a_x, a_y, a_z)$ と $\boldsymbol{b}=(b_x, b_y, b_z)$ に対し，$a_x=b_x$, $a_y=b_y$, $a_z=b_z$ であれば，この2つのベクトルの矢印表示は一致するので，この2つのベクトルは等しい．

和とスカラー倍 3次元ベクトルに対しては，図4-2(a)のように，その和が**平行四辺形の法則**により定義される．また，ベクトルの定数倍は図4-2(b)のように，向きが同じで，長さがその定数倍されたベクトルとして定義される．これは成分表示では2つのベクトル $\boldsymbol{a}=(a_x, a_y, a_z)$, $\boldsymbol{b}=(b_x, b_y, b_z)$ の和を

$$\boldsymbol{a}+\boldsymbol{b} = (a_x+b_x, a_y+b_y, a_z+b_z)$$

によって，定数 α によるスカラー倍を

$$\alpha\boldsymbol{a} = (\alpha a_x, \alpha a_y, \alpha a_z)$$

によって定義することに対応する．

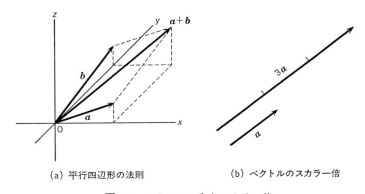

(a) 平行四辺形の法則　　　(b) ベクトルのスカラー倍

図 4-2　ベクトルの和とスカラー倍

内積 3次元ベクトル間の演算としては，以上のような代数演算のほかに**内積**がある．これを復習しよう．2つのベクトル $\boldsymbol{a}=(a_x, a_y, a_z)$, $\boldsymbol{b}=(b_x, b_y, b_z)$ のなす角を θ とすると，ベクトル $\boldsymbol{a}$ と $\boldsymbol{b}$ との内積は，$(\boldsymbol{a}, \boldsymbol{b})$ または $\boldsymbol{a}\cdot\boldsymbol{b}$ と表わされ，

$$(\boldsymbol{a}, \boldsymbol{b}) = \|\boldsymbol{a}\| \|\boldsymbol{b}\| \cos\theta \tag{4.1}$$

108 ——— **4** 一般化フーリエ級数

と定義される．ただし，ベクトル $\boldsymbol{a}=(a_x, a_y, a_z)$, $\boldsymbol{b}=(b_x, b_y, b_z)$ の長さをそれぞれ $\|\boldsymbol{a}\|$, $\|\boldsymbol{b}\|$ で表わした．ちなみに，ベクトルの長さはノルムとも呼ばれる．内積の定義から，2つのベクトルが直交することと内積が0となることは同値である（長さが0のベクトルと他のベクトルは直交すると考えることにしよう）．これは内積のもつ重要な性質である．

式(4.1)から，内積は次の性質を満たすことがわかる．

(I 1)　分配則　　$(\boldsymbol{a}+\boldsymbol{b}, \boldsymbol{c}) = (\boldsymbol{a}, \boldsymbol{c})+(\boldsymbol{b}, \boldsymbol{c})$

(I 2)　交換則　　$(\boldsymbol{a}, \boldsymbol{b}) = (\boldsymbol{b}, \boldsymbol{a})$

(I 3)　α をスカラーとして　　$(\alpha\boldsymbol{a}, \boldsymbol{b}) = \alpha(\boldsymbol{a}, \boldsymbol{b})$

(I 4)　$(\boldsymbol{a}, \boldsymbol{a}) = \|\boldsymbol{a}\|^2 \geqq 0$

ベクトルとフーリエ級数　さて，以上の準備の下に，ベクトルの理論とフーリエ級数の理論との対応を見てみよう．

長さが1のベクトルを**単位ベクトル**という．x 軸の正の方向をもつ単位ベクトルを $\boldsymbol{i}$, y 軸の正の方向をもつ単位ベクトルを $\boldsymbol{j}$, z 軸の正の方向をもつ単位ベクトルを $\boldsymbol{k}$ とすると，ベクトル $\boldsymbol{a}=(a_x, a_y, a_z)$ は

$$\boldsymbol{a} = a_x\boldsymbol{i}+a_y\boldsymbol{j}+a_z\boldsymbol{k} \tag{4.2}$$

と書ける．ベクトル $\boldsymbol{i}, \boldsymbol{j}, \boldsymbol{k}$ は**基底**と呼ばれる．ベクトルを成分で表わす基という意味である．基底ベクトル $\boldsymbol{i}, \boldsymbol{j}, \boldsymbol{k}$ は互いに直交し，

$$(\boldsymbol{i}, \boldsymbol{j}) = (\boldsymbol{i}, \boldsymbol{k}) = (\boldsymbol{j}, \boldsymbol{k}) = 0$$
$$(\boldsymbol{i}, \boldsymbol{i}) = (\boldsymbol{j}, \boldsymbol{j}) = (\boldsymbol{k}, \boldsymbol{k}) = 1$$

を満たす．この節で次第にわかることであるが，これは，三角関数系の直交性に対応する．この場合は，さらに，長さが1に正規化されているので，**正規直交系**と呼ばれる．

ベクトル $\boldsymbol{a}$ の x, y, z 成分 a_x, a_y, a_z を求めるためには，式(4.2)と $\boldsymbol{i}, \boldsymbol{j}, \boldsymbol{k}$ のそれぞれとの内積をとればよい．実際，

$$(\boldsymbol{a}, \boldsymbol{i}) = a_x(\boldsymbol{i}, \boldsymbol{i})+a_y(\boldsymbol{j}, \boldsymbol{i})+a_z(\boldsymbol{k}, \boldsymbol{i}) = a_x$$

から $a_x=(\boldsymbol{a}, \boldsymbol{i})$ を得る．また同様に，$a_y=(\boldsymbol{a}, \boldsymbol{j})$, $a_z=(\boldsymbol{a}, \boldsymbol{k})$ も成り立つ．後にくわしく述べることであるが，これらの式はフーリエ係数の式とまったく相似

な式なのである．逆にいえば，フーリエ係数は，基底として，三角関数系をとったときのベクトルの成分と考えられる．また，2 つのベクトル $\boldsymbol{a}=(a_x, a_y, a_z)$, $\boldsymbol{b}=(b_x, b_y, b_z)$ の内積は

$$
\begin{aligned}
(\boldsymbol{a}, \boldsymbol{b}) &= (a_x \boldsymbol{i} + a_y \boldsymbol{j} + a_z \boldsymbol{k}, \, b_x \boldsymbol{i} + b_y \boldsymbol{j} + b_z \boldsymbol{k}) \\
&= a_x b_x (\boldsymbol{i}, \boldsymbol{i}) + a_x b_y (\boldsymbol{i}, \boldsymbol{j}) + a_x b_z (\boldsymbol{i}, \boldsymbol{k}) \\
&\quad + a_y b_x (\boldsymbol{j}, \boldsymbol{i}) + a_y b_y (\boldsymbol{j}, \boldsymbol{j}) + a_y b_z (\boldsymbol{j}, \boldsymbol{k}) \\
&\quad + a_z b_x (\boldsymbol{k}, \boldsymbol{i}) + a_z b_y (\boldsymbol{k}, \boldsymbol{j}) + a_z b_z (\boldsymbol{k}, \boldsymbol{k}) \\
&= a_x b_x + a_y b_y + a_z b_z
\end{aligned} \tag{4.3}
$$

と計算される．特に

$$
\|\boldsymbol{a}\|^2 = (\boldsymbol{a}, \boldsymbol{a}) = a_x{}^2 + a_y{}^2 + a_z{}^2
$$

となるが，これは**ピタゴラス (Pythagoras) の定理**を表わしている．このピタゴラスの定理は，先ほどのような観点から見ると，パーシバルの等式に対応することがわかるであろう．また，3 次元空間内において，例えば，単位ベクトル $\boldsymbol{i}$ と $\boldsymbol{j}$ だけでは基底とならず，これによりフーリエ級数式に $(\boldsymbol{a}, \boldsymbol{i})\boldsymbol{i} + (\boldsymbol{a}, \boldsymbol{j})\boldsymbol{j}$ をつくっても，一般にはベクトル $\boldsymbol{a}$ と一致しない．このとき

$$
\|\boldsymbol{a}\|^2 \geqq (\boldsymbol{a}, \boldsymbol{i})^2 + (\boldsymbol{a}, \boldsymbol{j})^2
$$

となる．これはベッセルの不等式に対応するのである．

n 次元ベクトル　それでは，4 次元以上のベクトルに以上の議論を拡張できるであろうか．4 次元以上の空間においては，向きと大きさをもった矢印を直観的に描くことができないので，矢印を使ったベクトルの定義はできない．そこで直観的ではないが，成分表示によって，4 次元以上のベクトルを定義することにする．

すなわち，n 次元ベクトル $\boldsymbol{a}$ を n 個の実数 $a_i\,(i=1, 2, \cdots, n)$ の組として

$$
\boldsymbol{a} = (a_1, a_2, \cdots, a_n)
$$

と定義する．このとき 2 つのベクトル $\boldsymbol{a}=(a_1, a_2, \cdots, a_n)$ と $\boldsymbol{b}=(b_1, b_2, \cdots, b_n)$ の和と，ベクトル $\boldsymbol{a}$ のスカラー倍は，それぞれ 3 次元の成分表示の式を拡張して

$$
\begin{aligned}
\boldsymbol{a} + \boldsymbol{b} &= (a_1 + b_1, a_2 + b_2, \cdots, a_n + b_n) \\
\alpha \boldsymbol{a} &= (\alpha a_1, \alpha a_2, \cdots, \alpha a_n)
\end{aligned} \tag{4.4}
$$

110 ——— **4** 一般化フーリエ級数

と定義することができる．また，内積の定義も式(4.1)のような定義は与えられないので，成分表示の式(4.3)を拡張して

$$(\boldsymbol{a}, \boldsymbol{b}) = a_1 b_1 + a_2 b_2 + \cdots + a_n b_n \tag{4.5}$$

と定義する．この内積の定義が，(I 1)～(I 4)の性質を満たすことは明らかであろう．またさらに，3次元の場合からの類推により，この内積の定義からn次元ベクトル$\boldsymbol{a}$のノルム（長さ）$\|\boldsymbol{a}\|$を

$$\|\boldsymbol{a}\| = \sqrt{(\boldsymbol{a}, \boldsymbol{a})} \tag{4.6}$$

で定義してみよう．このとき，コーシー・シュワルツの不等式が成り立つ．これを例題の形で示そう．

例題 4.1 内積の性質(I 1)～(I 4)から，次のコーシー・シュワルツ(Cauchy-Schwarz)の不等式

$$|(\boldsymbol{a}, \boldsymbol{b})| \leqq \|\boldsymbol{a}\|\,\|\boldsymbol{b}\|$$

を導け．

［解］ αを任意の実数とするとき

$$0 \leqq \|\boldsymbol{a} + \alpha \boldsymbol{b}\|^2 = (\boldsymbol{a} + \alpha \boldsymbol{b}, \boldsymbol{a} + \alpha \boldsymbol{b})$$
$$= \alpha^2 \|\boldsymbol{b}\|^2 + 2\alpha(\boldsymbol{a}, \boldsymbol{b}) + \|\boldsymbol{a}\|^2$$

となる．この式はαの2次式であるが，これがαのいかなる値に対しても非負となるためには，$f(\alpha) = \|\boldsymbol{a} + \alpha \boldsymbol{b}\|^2$のグラフが$\alpha$軸と接するか，あるいは$\alpha$軸と交わらずに，その上になければならない．接するときは

$$f(\alpha) = \|\boldsymbol{a} + \alpha \boldsymbol{b}\|^2 = 0$$

の根は重根であり，αの2次式とみたときの判別式は

$$|(\boldsymbol{a}, \boldsymbol{b})|^2 - \|\boldsymbol{a}\|^2 \|\boldsymbol{b}\|^2 = 0$$

とならなければならない．一方，グラフがα軸と交わらないときは，$f(\alpha) = \|\boldsymbol{a} + \alpha \boldsymbol{b}\|^2 = 0$の根は虚根であり，判別式は

$$|(\boldsymbol{a}, \boldsymbol{b})|^2 - \|\boldsymbol{a}\|^2 \|\boldsymbol{b}\|^2 < 0$$

でなければならない．したがって，この2つの式を合わせて，コーシー・シュワルツの不等式が示された． ∎

このノルムはまた，3次元のベクトルに対するノルムのもつ性質と同様

4-1 フーリエ級数とベクトル空間 ───── 111

(N 1)　$\|\boldsymbol{a}\| \geqq 0$,　　$\|\boldsymbol{a}\| = 0 \iff \boldsymbol{a} = 0$

(N 2)　$\|\alpha \boldsymbol{a}\| = |\alpha|\,\|\boldsymbol{a}\|$

(N 3)　$\|\boldsymbol{a}+\boldsymbol{b}\| \leqq \|\boldsymbol{a}\|+\|\boldsymbol{b}\|$

を満たす．(N 1), (N 2)はノルムの定義から明らかである．また，(N 3)はコーシー・シュワルツの不等式から導かれる(問題 4-1 問 1)．

このように，矢印という直観的なベクトルの定義によらなくても，成分表示という考え方によってベクトル概念を 4 次元以上の高次元に拡張できることがわかった．

ベクトル空間　以上で定義した 4 次元以上の高次元空間でのベクトルという概念では，矢印というベクトルのもつ直観的な意味が失われているので，ベクトルとは何かということを，再確認しておこう．そこで，以上の議論を抽象化して，本質的な部分をまとめてみる．

いま，ベクトルの全体からなる集合 B を考える．当然，B の任意の元 $\boldsymbol{a}$ のスカラー倍 $\alpha \boldsymbol{a}$ と，任意の 2 つの元 $\boldsymbol{a}$ と $\boldsymbol{b}$ の和 $\boldsymbol{a}+\boldsymbol{b}$ が定義されていなければならないであろう．そして，和の演算は次の規則

(V 1)　結合則　　$(\boldsymbol{a}+\boldsymbol{b})+\boldsymbol{c} = \boldsymbol{a}+(\boldsymbol{b}+\boldsymbol{c})$

(V 2)　交換則　　$\boldsymbol{a}+\boldsymbol{b} = \boldsymbol{b}+\boldsymbol{a}$

(V 3)　任意の元 $\boldsymbol{a}$ に対して，$\boldsymbol{a}+0=\boldsymbol{a}$ となるゼロ元 0 が存在する．（これをゼロベクトルと呼ぶ.）

(V 4)　任意の元 $\boldsymbol{a}$ に対して，$\boldsymbol{a}+\boldsymbol{b}=0$ となる元 $\boldsymbol{b}$ が存在する．この元 $\boldsymbol{b}$ を $\boldsymbol{b}=-\boldsymbol{a}$ と書く．

を満足し，スカラー倍の演算は

(V 5)　$(\alpha+\beta)\boldsymbol{a} = \alpha \boldsymbol{a}+\beta \boldsymbol{a}$

(V 6)　$\alpha(\boldsymbol{a}+\boldsymbol{b}) = \alpha \boldsymbol{a}+\alpha \boldsymbol{b}$

(V 7)　$0\boldsymbol{a} = 0$

(V 8)　$1\boldsymbol{a} = \boldsymbol{a}$

を満足しなければならないであろう．逆に，(V 1)〜(V 8)のような性質を満たす，和とスカラー倍の定義された集合 B を**ベクトル空間**といい，B の元をベク

112 —— **4** 一般化フーリエ級数

トルということにする.

　[例1]　(1)　実数の集合は，和を実数どうしの普通の足し算，スカラー倍を普通の掛け算として，1次元のベクトル空間となる.

　(2)　上で定義した n 次元ベクトルの全体は(V 1)〜(V 8)の性質を満たす. ただし，ゼロ元 **0** は $(0, 0, \cdots, 0)$，$\boldsymbol{a} = (a_1, a_2, \cdots, a_n)$ に対し，$-\boldsymbol{a} = (-a_1, -a_2, \cdots, -a_n)$ である. ▮

　内積空間　さて，n 次元ベクトル空間には内積も定義されているが，これも少し抽象化しておくと便利である.

　いままでの議論から内積の概念を抽出すると，次のようになるであろう. すなわち，内積 $(\boldsymbol{a}, \boldsymbol{b})$ とはベクトル空間 B の任意の2つの元に対し実数を定めるもので，(I 1)〜(I 4)の性質を満足するものを指すことにする. 内積の定義されたベクトル空間を**内積空間**ということにする. 内積空間には

$$\|\boldsymbol{a}\| = \sqrt{(\boldsymbol{a}, \boldsymbol{a})} \tag{4.7}$$

によって，ノルムが定義される. 内積が性質(I 1)〜(I 4)を満たすことから，内積とノルムの間にコーシー・シュワルツの不等式

$$|(\boldsymbol{a}, \boldsymbol{b})| \leqq \|\boldsymbol{a}\| \, \|\boldsymbol{b}\| \tag{4.8}$$

が成り立つことがわかる. これから，ノルムは

　(N 1)　$\|\boldsymbol{a}\| \geqq 0, \quad \|\boldsymbol{a}\| = 0 \ \Leftrightarrow \ \boldsymbol{a} = 0$

　(N 2)　$\|\alpha\boldsymbol{a}\| = |\alpha| \, \|\boldsymbol{a}\|$

　(N 3)　$\|\boldsymbol{a} + \boldsymbol{b}\| \leqq \|\boldsymbol{a}\| + \|\boldsymbol{b}\|$

の性質を満たすことがわかる.

　ベクトル間の距離　ノルムを用いてベクトル間の距離を

$$d(\boldsymbol{a}, \boldsymbol{b}) = \|\boldsymbol{a} - \boldsymbol{b}\| \tag{4.9}$$

によって測ることができることを示そう. 一般に距離とは

　(D 1)　非負性　　$d(\boldsymbol{a}, \boldsymbol{b}) \geqq 0, \quad d(\boldsymbol{a}, \boldsymbol{b}) = 0 \ \Leftrightarrow \ \boldsymbol{a} = \boldsymbol{b}$

　(D 2)　対称性　　$d(\boldsymbol{a}, \boldsymbol{b}) = d(\boldsymbol{b}, \boldsymbol{a})$

　(D 3)　三角不等式　　$d(\boldsymbol{a}, \boldsymbol{b}) \leqq d(\boldsymbol{a}, \boldsymbol{c}) + d(\boldsymbol{c}, \boldsymbol{b})$

　(D 4)　$d(\alpha\boldsymbol{a}, \alpha\boldsymbol{b}) = |\alpha| d(\boldsymbol{a}, \boldsymbol{b})$

4-1 フーリエ級数とベクトル空間 ──── 113

を満たすものをいう. 以下, 式(4.9)で定義された $d(\boldsymbol{a}, \boldsymbol{b})$ がこれらの性質を満たすことを示そう. これはノルムの性質(N1)～(N3)から証明される. 性質(D1), (D2), (D4)は定義から明らかである. 三角不等式(D3)が満たされることは次の例題のように示される.

例題 4.2 ベクトルに対するノルムの性質を用いて, 三角不等式(D3)を示せ.
[解] ノルムの性質(N3)

$$\|\boldsymbol{a}+\boldsymbol{b}\| \leqq \|\boldsymbol{a}\|+\|\boldsymbol{b}\|$$

において $\boldsymbol{a}$ を $\boldsymbol{a}-\boldsymbol{c}$ とし, $\boldsymbol{b}$ を $\boldsymbol{c}-\boldsymbol{b}$ と置くと, 上記の不等式は

$$\|\boldsymbol{a}-\boldsymbol{b}\| \leqq \|\boldsymbol{a}-\boldsymbol{c}\|+\|\boldsymbol{c}-\boldsymbol{b}\|$$

となって三角不等式を得る. ▮

ヒルベルト空間 距離を定義したことにより, ベクトル列の収束が定義できる. すなわち, ベクトル列 $\boldsymbol{a}_n$ が $\boldsymbol{a}^*$ に収束するとは, $\boldsymbol{a}_n$ と $\boldsymbol{a}^*$ の間の距離が $n \to \infty$ において 0 になること, すなわち,

$$\boldsymbol{a}_n \to \boldsymbol{a}^* \, (n \to \infty) \quad \Leftrightarrow \quad d(\boldsymbol{a}_n, \boldsymbol{a}^*) \to 0 \, (n \to \infty) \tag{4.10}$$

と定義できる. ベクトルの列 $\boldsymbol{a}_n$ が

$$d(\boldsymbol{a}_m, \boldsymbol{a}_n) \to 0 \qquad (m, n \to \infty) \tag{4.11}$$

を満たすとき, **基本列**あるいは**コーシー列**という. 任意の基本列に対し, B の元 $\boldsymbol{a}^*$ が存在して

$$d(\boldsymbol{a}_n, \boldsymbol{a}^*) \to 0 \qquad (n \to \infty) \tag{4.12}$$

が満たされるとき, そのベクトル空間を**完備**であるといい, 完備な内積空間を**ヒルベルト(Hilbert)空間**という. ヒルベルト空間は量子力学の定式化において基本的に重要な役割を果たす.

関数表示 以上では, 数学的な抽象化によりベクトルを定義したわけであるが, では 4 次元以上の高次元ベクトルの直観的な表現法はまったくないのであろうか. ここでは, 成分表示にもとづいた, 図的な, したがって直観的な表示法が考えられることを述べよう.

いま, $\boldsymbol{a}=(a_1, a_2, \cdots, a_n)$ という n 次元ベクトルを考える. これを図示する 1 つの方法は, 図 4-3 のように, x 軸上に n 個の点 $x_1, x_2, \cdots, x_n$ を取り, これら

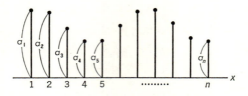

図 4-3 ベクトルの関数表示

の点から x 軸に垂直に $a_1, a_2, \cdots, a_n$ の長さをもつ線分を引くことである．これをベクトルの**関数表示**という．こうすればベクトルの各成分を一度に見渡すことができ，非常に直観的であろう．2つのベクトルの和はそれらのベクトルの各成分ごとの和であるから，この表示で簡単に求めることができる．また，ベクトルのスカラー倍も各成分をいっせいにそのスカラー倍に伸ばせばよいので，この表示で簡単に求められる．

しかし，この表示では，2つのベクトルのなす角を直観的に定義することは難しい．この点に関してはコーシー・シュワルツの不等式(4.8)から，a, b がゼロベクトルでないとき

$$\frac{|(a, b)|}{\|a\| \|b\|} \leq 1$$

となるので，ベクトル a と b の間の角度 θ を

$$\theta = \arccos \frac{(a, b)}{\|a\| \|b\|} \tag{4.13}$$

と定義することにする．

図 4-3 の表示の著しい点は，これが離散的な点 $x_1, x_2, \cdots, x_n$ を定義域とする関数 $a_i = a(x_i)$ を表わしているとみなせる点である．これが図 4-3 をベクトルの関数表示と呼んだ理由である．

関数空間 この関数表示を用いると，$-\pi \leq x \leq \pi$ 上の関数 $f(x)$ は無限次元のベクトルとみなせることがわかる．すなわち，$-\pi \leq x \leq \pi$ 上の関数 $f(x)$ は，$-\pi \leq x \leq \pi$ 上の任意の点 x 上に，x 軸と垂直に長さ $f(x)$ の線分を引いたものと考えられるからである(図 4-4)．n 次元ベクトルは x 軸上の n 個の点の上で

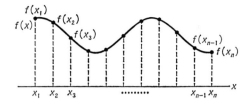

図 4-4 n 次元ベクトル $(f(x_1), f(x_2), \cdots,$
 $f(x_n))$ による関数 $f(x)$ の近似

定義されていたが，今度の場合は $-\pi \leqq x \leqq \pi$ 上のすべての点，すなわち無限個の点，の上で定義されているので，**無限次元ベクトル**と考えるのである．

$-\pi \leqq x \leqq \pi$ 上の関数 $f(x)$ と $g(x)$ の和の関数 $(f+g)(x)$ を $-\pi \leqq x \leqq \pi$ 上の各点での和

$$(f+g)(x) = f(x)+g(x) \tag{4.14}$$

により，また，関数 $f(x)$ のスカラー倍 $(\alpha f)(x)$ を

$$(\alpha f)(x) = \alpha f(x) \tag{4.15}$$

によって定義すれば，$-\pi \leqq x \leqq \pi$ 上の関数全体からなる集合は，ベクトル空間の性質 (V 1)〜(V 8) を満たすことがわかる．したがって，$-\pi \leqq x \leqq \pi$ 上の関数は無限次元のベクトルと考えることができるのである．関数のつくるベクトル空間を特に**関数空間**という．

2 乗可積分な関数のつくるヒルベルト空間　さて，$-\pi \leqq x \leqq \pi$ 上の関数全体のつくる空間がベクトル空間(関数空間)となることがわかったが，次にこの関数空間に内積を定義することを考えよう．

いま，関数空間の任意の 2 元 $f(x)$ と $g(x)$ に対しその内積を定義することを考える．そのために，$-\pi \leqq x \leqq \pi$ 上に $n+1$ 個の点 $x_0, x_1, \cdots, x_n$ をとり関数 f と g を近似する $n+1$ 次元ベクトルとして

$$\boldsymbol{f} = (f(x_0), f(x_1), \cdots, f(x_n))$$
$$\boldsymbol{g} = (g(x_0), g(x_1), \cdots, g(x_n))$$

を考える．ベクトル $\boldsymbol{f}$ と $\boldsymbol{g}$ に対しては，$n+1$ 次元ベクトル空間の通常の内積

116 —— **4** 一般化フーリエ級数

$$(\boldsymbol{f}, \boldsymbol{g}) = \sum_{m=0}^{n} f(x_m)g(x_m) \tag{4.16}$$

が定義できるが，これを $n+1$ で割って $n \to \infty$ とすれば，これは，適当な条件の下で

$$\int_{-\pi}^{\pi} f(x)g(x)dx \tag{4.17}$$

に収束することがわかる.

[例2] 上で述べた適当な条件の1つとして，$|f(x)|^2$ を $-\pi$ から π まで積分した値が有限となるという条件(このような条件を満たす関数の集合を $L_2(-\pi, \pi)$ で表わす)を考えると，極めて都合のよいことが次のようにしてわかる. すなわち，$L_2(-\pi, \pi)$ に含まれる関数 f に対しては，そのノルムを

$$\|f\| = \left\{ \int_{-\pi}^{\pi} |f(x)|^2 dx \right\}^{1/2} \tag{4.18}$$

によって定義することができる. このとき，式(4.17)を (f, g) と書くことにすれば，これは内積の性質(I 1)〜(I 4)を満足することがわかる. したがって，コーシー・シュワルツの不等式

$$|(f, g)| \leq \|f\|\|g\|$$

が成り立つ. この式から，$L_2(-\pi, \pi)$ の任意の2つの関数 f, g に対して，つねに内積が定義できることがわかる.

$L_2(-\pi, \pi)$ の2つの関数 f, g の間の距離を

$$d(f, g) = \|f - g\|$$

で定義すれば，<u>$L_2(-\pi, \pi)$ はヒルベルト空間となる</u>ことが知られている. (完備性をいうためには積分の定義を改める必要があるが，詳細は省略しよう.) ∎

さて，以上のようにして，式(4.17)を内積と呼ぶのは，有限次元のベクトル空間の理論の拡張として自然なことがわかった. 有限次元のベクトルに対しては，内積が0となる2つのベクトルは直交するといっていたので

$$(f, g) = \int_{-\pi}^{\pi} f(x)g(x)dx = 0$$

を満足する2つの関数を，それらを無限次元の2つのベクトルと見て，直交す

るといっても自然であろう。$L_2(-\pi, \pi)$ の関数に対してはコーシー・シュワルツの不等式が成り立っているので，2つの関数のなす角を式 (4.13) によって定義することができるが，内積が 0 となるときにはこの角は $\pm\pi$ となって，確かにこの 2 つの関数が直交していることがわかる。

完全性　さて，$L_2(-\pi, \pi)$ の関数 f のフーリエ級数展開に対して，パーシバルの等式

$$\|f\|^2 = \pi\left\{\frac{a_0{}^2}{2} + \sum_{n=1}^{\infty}(a_n{}^2 + b_n{}^2)\right\}$$

が成り立つ。これはピタゴラスの定理の拡張であり，$L_2(-\pi, \pi)$ をベクトル空間と見たとき三角関数系 $\{1, \cos x, \sin x, \cos 2x, \sin 2x, \cdots\}$ が基底として完全なものであることを表わしている。すなわち，$L_2(-\pi, \pi)$ の関数でそのフーリエ係数がすべて 0 ならば，パーシバルの等式によって $\|f\| = 0$ となって，$f = 0$ となることがわかる。これを三角関数系の**完全性**という。

━━━━━━━━━━━━━━━━━━━━ **問　題 4-1** ━━━━━━━━━━━━━━━━━━━━

1. ノルムの性質 (N 3) をコーシー・シュワルツの不等式を用いて導け。

2. n 次元ベクトル空間はヒルベルト空間であることを示せ。

4-2　一般化フーリエ級数

前節では，フーリエ級数展開は三角関数系を用いた展開であり，フーリエ係数は三角関数系を基底にしたときの座標成分であると見なせることを述べた。ここでは，このような展開がもっと一般の直交関数系を用いて行なえることを示そう。

正規直交関数系　$a \leqq x \leqq b$ 上で定義された関数 $f(x)$ と $g(x)$ に対し，内積を

$$(f, g) = \int_a^b f(x)g(x)dx \tag{4.19}$$

118 ——— **4** 一般化フーリエ級数

によって定める．これは，前節の内積の性質 (I 1)～(I 4) を満たすことがわかる．
内積を導入したことにより，$a \leqq x \leqq b$ で定義される関数 $f(x)$ のノルム（大き
さ）を

$$\|f(x)\| = \sqrt{(f, f)} = \sqrt{\int_a^b |f(x)|^2 dx}$$

によって定めることができる．

　いま，$a \leqq x \leqq b$ で定義される関数の集まり $\{\phi_0, \phi_1, \cdots, \phi_n, \cdots\}$ を考える．この
関数系の任意の 2 元が式 (4.19) の内積に関する直交条件

$$(\phi_m, \phi_n) = \int_a^b \phi_m(x)\phi_n(x)dx = 0 \qquad (1 \leqq m < n) \tag{4.20}$$

を満たし，かつ $n = 0, 1, 2, \cdots$ について

$$\|\phi_n\|^2 = (\phi_n, \phi_n) = \int_a^b \phi_n{}^2(x)dx \neq 0 \tag{4.21}$$

となるとき，この関数系を**直交関数系**という．特に

$$\|\phi_n\|^2 = 1 \qquad (n = 0, 1, 2, \cdots) \tag{4.22}$$

となるときは，関数のノルムが単位長さ 1 に正規化されているという意味で**正
規直交系**という．

　[例 1]　ラーデマッハ (Rademacher) の関数系　$0 \leqq x \leqq 1$ 上の関数列で，$n =$
$0, 1, 2, \cdots$ について

$$\phi_n(x) = \mathrm{sign}(\sin 2^n \pi x)$$

によって定められるものをラーデマッハの関数系という．ただし，上式におい
て sign は

$$\mathrm{sign}(x) = \begin{cases} 1 & (x > 0 \text{ のとき}) \\ 0 & (x = 0 \text{ のとき}) \\ -1 & (x < 0 \text{ のとき}) \end{cases}$$

により定義される関数である．ラーデマッハの関数系を n の小さい方について
図 4-5 に示す．これより，この関数列が正規直交系をつくることは明らかであ
ろう．ラーデマッハの関数系は完全系ではないが，これを完全系に直した関数
列としてウォルシュ (Walsh) の関数系がある．▌

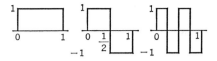

図 4-5 ラーデマッハの関数系

$\{\phi_0, \phi_1, \cdots, \phi_n, \cdots\}$ を直交関数系とすると，

$$\psi_n = \frac{\phi_n}{||\phi_n||}$$

として得られる関数系 $\{\psi_0, \psi_1, \cdots, \psi_n, \cdots\}$ は

$$(\psi_m, \psi_n) = \frac{(\phi_m, \phi_n)}{||\phi_m|| \, ||\phi_n||} = 0$$

$$||\psi_n||^2 = (\psi_n, \psi_n) = \frac{(\phi_n, \phi_n)}{||\phi_n|| \, ||\phi_n||} = 1$$

を満たし，正規直交系となることがわかる．ϕ_n から ψ_n を得る操作は **正規化** とよばれる．

例題 4.3 三角関数系 $\{1, \cos x, \sin x, \cos 2x, \sin 2x, \cdots\}$ は，$-\pi \leqq x \leqq \pi$ における直交系である．これを正規直交系に直せ．

[解]
$$\int_{-\pi}^{\pi} 1^2 dx = 2\pi, \quad \int_{-\pi}^{\pi} \cos^2 nx \, dx = \pi$$
$$\int_{-\pi}^{\pi} \sin^2 nx \, dx = \pi$$

より

$$\left\{ \frac{1}{\sqrt{2\pi}}, \frac{\cos x}{\sqrt{\pi}}, \frac{\sin x}{\sqrt{\pi}}, \frac{\cos 2x}{\sqrt{\pi}}, \frac{\sin 2x}{\sqrt{\pi}}, \cdots \right\}$$

は正規直交系となる．∎

一般化フーリエ級数展開 $a \leqq x \leqq b$ の上で定義された関数系 $\{\phi_0, \phi_1, \cdots, \phi_n, \cdots\}$ を正規直交関数系とする．この関数系によって，$a \leqq x \leqq b$ で定義される関数 $f(x)$ が

$$f(x) = \sum_{n=0}^{\infty} c_n \phi_n(x) \tag{4.23}$$

120 ——— **4** 一般化フーリエ級数

と展開されたとする．このとき，係数 c_n はフーリエ係数の公式を求めたときと同様にして，上式の両辺と ϕ_m との内積をとった式

$$(f(x), \phi_m(x)) = \left(\sum_{n=0}^{\infty} c_n \phi_n(x), \phi_m(x) \right)$$

$$= \sum_{n=0}^{\infty} c_n (\phi_n(x), \phi_m(x)) = c_m$$

から

$$c_n = (f(x), \phi_n(x)) \tag{4.24}$$

と求められることがわかる．式(4.24)で決まる c_n を**一般化フーリエ係数**，これを式(4.24)の右辺に代入した形の級数

$$\sum_{n=0}^{\infty} (f(x), \phi_n(x)) \phi_n(x) \tag{4.25}$$

を**一般化フーリエ級数**と呼ぶことにする．任意の関数 $f(x)$ に対して

$$\lim_{N \to \infty} \left\| f(x) - \sum_{n=0}^{N} (f(x), \phi_n(x)) \phi_n(x) \right\| = 0 \tag{4.26}$$

となるとき，関数系 $\{\phi_0, \phi_1, \cdots, \phi_n, \cdots\}$ は**完全**であるという．

　［注意］　より正確には，任意の ϕ_n と f が直交することから $f=0$ が導かれるとき，関数系は完全であるという．これは，ヒルベルト空間においては式(4.26)が成り立つことと同値となる．▌

　最良近似問題　関数系 $\{\phi_0, \phi_1, \cdots, \phi_n, \cdots\}$ を $a \le x \le b$ 上の正規直交系とする．$a \le x \le b$ の上で定義された関数 $f(x)$ を，多項式

$$\Phi_N(x) = \sum_{n=0}^{N} c_n \phi_n(x) \tag{4.27}$$

によって近似するとき，$\|f(x) - \Phi_N(x)\|$ が最小になるように近似するには，c_n をどうとったらよいかという問題を考えよう．これは 2-6 節で考えた三角多項式による関数の最良近似問題の一般化である．2-6 節で最良近似問題の解を導いた過程を反省してみると，三角関数系が直交系であることを利用しているだけで，三角関数の他の性質は用いていないことがわかる．したがって，2-6 節での議論とまったく同じようにして，c_n が一般化フーリエ係数すなわち $c_n =$

$(f(x), \phi_n(x))$ のとき，$\|f(x)-\Phi_N(x)\|$ が最小化されることがわかる．

また，この結果から，ベッセルの不等式

$$\|f(x)\|^2 \geqq \sum_{n=0}^{\infty} |(f(x), \phi_n(x))|^2 \tag{4.28}$$

が導かれることや，関数系 $\{\phi_0, \phi_1, \cdots, \phi_n, \cdots\}$ が完全であれば，パーシバルの等式

$$\|f(x)\|^2 = \sum_{n=0}^{\infty} |(f(x), \phi_n(x))|^2 \tag{4.29}$$

が成立することもわかる．

〰〰〰〰〰〰〰〰〰〰〰〰〰〰〰〰 **問 題 4-2** 〰〰〰〰〰〰〰〰〰〰〰〰〰〰〰〰

1. いままでは実関数を考えてきたが，複素関数に対しては，内積とノルムを

$$(f, g) = \int_a^b f(x)g^*(x)dx, \qquad \|f\|^2 = \int_a^b |f(x)|^2 dx$$

に改めれば，あとは実数の場合とまったく同様である．$-\pi \leqq x \leqq \pi$ の上の複素直交関数系 $\{\cdots, e^{-i2x}, e^{-ix}, 1, e^{ix}, e^{i2x}, \cdots\}$ を正規直交系に直せ．

〰〰〰〰〰〰〰〰〰〰〰〰〰〰〰〰〰〰〰〰〰〰〰〰〰〰〰〰〰〰〰〰〰〰〰〰〰

第 4 章 演 習 問 題

[1] 4-2 節で述べた一般の正規直交関数系による最良近似問題の解を確かめてみよう．関数系 $\{\phi_0, \phi_1, \cdots, \phi_n, \cdots\}$ を $a \leqq x \leqq b$ の上の正規直交関数系とする．関数 $f(x)$ を ϕ_n の多項式

$$\Phi_N(x) = \sum_{n=0}^{N} c_n \phi_n(x)$$

で，平均 2 乗誤差

$$\int_a^b (f(x)-\Phi_N(x))^2 dx$$

が最小になるように c_n を決めたい．内積の性質を使って，上式を 2 次関数の最小化問題に帰着させることにより，c_n を求めよ．

Coffee Break

長さの無い曲線

　1-6 節で「周期関数のグラフにおいて 1 周期分の曲線が有限の長さをもてば，フーリエ級数が収束すると考えてよい」と書いたが，1 周期分が有限の長さをもたないような関数が存在するのであろうか．ここでは，長さの定義ができないような曲線を紹介しよう．図のようにして作られる関数の極限を考えよう．これはコッホ図形と呼ばれるものの 1 つである．1 回の操作で曲線の長さは 4/3 倍されるから，無限回の操作をすれば，極限の曲線の長さは無限大となってしまう．すなわち，シワシワが無限に細かくあるので，長さが無限になってしまうのである．

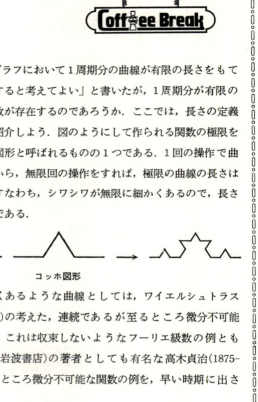

コッホ図形

　シワシワが無限に細かくあるような曲線としては，ワイエルシュトラス (K. Weierstrass, 1815–97) の考えた，連続であるが至るところ微分不可能な関数の例が有名である．これは収束しないようなフーリエ級数の例ともなっている．『解析概論』(岩波書店) の著者としても有名な高木貞治 (1875–1960) 先生も，連続で至るところ微分不可能な関数の例を，早い時期に出されている．

5

偏微分方程式

理工学においては，対象とする物理量が空間座標と時間の関数となり，基礎方程式が偏微分方程式となる場合が多い．本章では，興味深くまたよく知られている現象を表わす偏微分方程式を紹介し，その偏微分方程式を解析する方法を示す．読者は楽しみながら，偏微分方程式の取扱いに慣れ親しんで欲しい．

124 ——— **5** 偏微分方程式

5-1 偏微分方程式とは

2つ以上の独立変数 $x, y, \cdots$ と，未知関数 $u=u(x, y, \cdots)$ およびその偏導関数 $\partial u/\partial x, \partial^2 u/\partial x^2$ などを含む方程式を**偏微分方程式**という．理工学においては，対象とする物理量が空間座標 x, y, z と時間 t の関数となり，これらの従う基礎方程式が自然に偏微分方程式となる場合が多く，偏微分方程式の取扱いに習熟することは大切である．

偏微分方程式に含まれる偏導関数の最高階をその方程式の**階数**という．また，含まれる未知関数およびその各偏導関数について1次式となる偏微分方程式は**線形**であるといい，そうでないときは**非線形**であるという．偏微分方程式がいくつかの項から成っているとき，その中に既知関数のみの項があれば**非同次**，そうでなければ**同次**であるという．非同次方程式は，外力の加えられた系を記述する際によく現われる．

　[例1]　(1) $u_{xx}+u_{yy}=\sin t$ は，2階の線形非同次偏微分方程式である．ただし，$u=u(x, y, t)$ で，独立変数に関する添字はその変数に対する偏微分を表わすものとする．たとえば

$$u_{xx} = \frac{\partial^2 u}{\partial x^2}, \qquad u_{yy} = \frac{\partial^2 u}{\partial y^2}$$

以下，簡単のため同様の記号を用いる．

　(2) $u_t-6uu_x+u_{xxx}=0$ は，第2項が1次式でないので，3階の非線形同次偏微分方程式である．$\blacksquare$

　偏微分方程式の解　偏微分方程式の**解**とは，その方程式を恒等的に満足する関数のことをいう．

　[例2]　1階の線形同次偏微分方程式

$$u_t = 0 \tag{5.1}$$

の解を求めてみよう．ただし，$u=u(x, t)$ で，$-\infty<x, t<\infty$ とする．式(5.1)は $u=u(x, t)$ が t に依存しないことを表わしている．したがって，$\phi=\phi(x)$ を x

5-1 偏微分方程式とは ——— 125

の任意関数として，式(5.1)の解は $u=\phi(x)$ と求められる． ▌

この例では，任意関数を含む解が現われたが，これは例で扱った偏微分方程式の特殊性によるものではなく，偏微分方程式を解く際に一般的なことである．すなわち，一般に n 階の偏微分方程式を解くと，n 個の任意関数を含む解が得られる．このような n 個の任意関数を含む解を**一般解**といい，任意関数を含まない解を**特解**という．偏微分方程式の一般解が任意関数を含むことは，常微分方程式の一般解が任意定数を含むのと対照的である．

[例3] 2階線形偏微分方程式

$$u_{xy} = 0$$

の一般解を求めよう．ただし，$u=u(x,y)$，$-\infty<x,t<\infty$ とする．$u_{xy}=(u_x)_y$ であるから，例2の結果から，$\phi_1(x)$ を x の任意関数として

$$u_x = \phi_1(x)$$

となる．この式を x について積分すると $\psi(y)$ を y の任意関数として

$$u = \int \phi_1(x)dx + \psi(y)$$

を得る．第2項は積分定数であるが，これは x に依存していなければ y の任意関数でよいのである．第1項は任意関数の不定積分なのでまた任意関数を表わしている．これを $\phi(x)$ とおけば，求める一般解

$$u(x,y) = \phi(x) + \psi(y)$$

が得られる．ただし，$\phi(x)$ と $\psi(y)$ はそれぞれ x と y に関する任意関数である．この例では偏微分方程式が2階なので，2つの任意関数を含む解が得られた． ▌

線形偏微分方程式　線形同次偏微分方程式では

「$u_1, u_2, \cdots, u_n$ が解ならば，その1次結合 $u=c_1u_1+c_2u_2+\cdots+c_nu_n$ も解となる」

という**重ね合わせの原理**が成り立つ．このことから，三角関数の重ね合わせによって現象を解析しようとするフーリエ級数やフーリエ変換の理論を線形偏微分方程式に適用することが可能になり，統一的な取扱いができるのである．

さて，線形の偏微分方程式といっても，その階数によって大きく性質を異に

126 ——— **5** 偏微分方程式

するので，通常，偏微分方程式は階数によって分類される．また，同じ階数の偏微分方程式でも，いくつかのタイプの方程式に分類される．各タイプの方程式にはそれぞれ代表的な方程式があり，同じタイプの方程式は，独立変数を変換することによって，その代表的な方程式に変換される．この代表的な方程式を**標準型**という．

2階の定数係数線形偏微分方程式の分類　2つの独立変数をもつ2階の定数係数線形偏微分方程式の一般形は

$$au_{xx}+2bu_{xy}+cu_{yy}+du_x+eu_y+fu = g(x,y) \tag{5.2}$$

で与えられる．ただし，$u=u(x,y)$，a,b,c,d,e,f は実数で，$g(x,y)$ は実既知関数とする．式(5.2)の2階の部分

$$au_{xx}+2bu_{xy}+cu_{yy} \tag{5.3}$$

が式(5.2)の解の性質を決めるので，これを**主要部**という．(5.3)に対応して

$$a\lambda^2+2b\lambda+c = 0 \tag{5.4}$$

を**特性方程式**といい，その判別式

$$D = b^2-ac \tag{5.5}$$

によって式(5.2)を次のように分類する．

   (1)　$D>0$ のとき　　**双曲型**(hyperbolic type)

   (2)　$D=0$ のとき　　**放物型**(parabolic type)

   (3)　$D<0$ のとき　　**楕円型**(elliptic type)

これは，$ax^2+2bxy+cy^2=1$ が双曲線，放物線，楕円になることと一致する．

　さて，各型の方程式を一般的に取り扱うのはむずかしいし，また，物理的工学的意味もあまりない．以下では，各型の中から典型的な方程式を取り上げて，フーリエ級数やフーリエ変換を用いた解析法を示そう．各型の典型的な方程式とは次の通りである．

   双曲型　　$u_{tt}-c^2u_{xx} = 0$　　　（波動方程式）

   放物型　　$u_t-\kappa u_{xx} = 0$　　　　（拡散方程式）

   楕円型　　$u_{xx}+u_{yy} = 0$　　　（ラプラスの方程式）

これらの方程式を解く際には，その型に応じた物理的に意味のある初期条件や

5-2 波動方程式 ——— 127

境界条件などの束縛条件の設定法がある．すなわち，物理的な現象が起こっているものをモデル化した方程式であれば，解が求まり（存在し），一意的であるのが要求されるであろう．偏微分方程式の解が存在し一意となるためには，物理的に意味があるように束縛条件を置く必要がある．

　一般に，双曲型と放物型の方程式は，$t=0$ で波形がどういう形をしていたかという初期条件と，境界でどのように束縛を受けるかという境界条件とをつける問題（**混合問題**という）が適切であり，楕円型の方程式は，電位を求めるときのように，境界で値を指定して，中での値を求めるという**境界値問題**が適切である．ただし，物理的状況によってこれ以外にもさまざまな束縛条件の置き方がある．

━━━━━━━━━━━━━━━━━━━━ 問　題 5-1 ━━━━━━━━━━━━━━━━━━━━

　1. 次の偏微分方程式の階数を言え．

　(1)　$u_t + uu_x - u_{xx} = 0$　　　　　(2)　$u_{tt} - u_{xx} = u$

　(3)　$u_t - u^2 u_x + u_{xxx} = f(x, t)$　　(4)　$u_{tt} - u_{xx} = \sin t$

　(5)　$u_{tt} - u_{xx} = \sin u$　　　　　(6)　$u_t - xu_x = 0$

　2. 問1の各方程式は線形か非線形かを言え．また，同次か非同次かを言え．

　3. 次の偏微分方程式の一般解を求めよ．

　(1)　$u(t, x)_{xx} = 0$　　　(2)　$u_{tx} - u_{xx} = 0$

━━━

5-2　波動方程式

　本節では**1次元波動方程式**（wave equation）

$$u_{tt} = c^2 u_{xx} \tag{5.6}$$

をいろいろな物理的条件の下で解いてみよう．式(5.6)で表わされる具体的な問題としては，たとえば弦の振動の問題（図5-1）がある．このときは，$u(x, t)$ は時刻 t における場所 x での弦の変位を表わしている．式(5.6)に対しては一

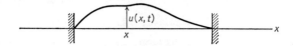

図 5-1 弦と座標系. $u(x, t)$ は弦の変位を表わす.

般解を求めることができるので，はじめにこれを示しておこう．

ダランベールの解　まず，独立変数の変換

$$\xi = x + ct, \quad \eta = x - ct$$

を行なって，$u(x, t)$ を ξ, η の関数 $u(\xi, \eta)$ とみなして偏微分すれば

$$\frac{\partial u(x, t)}{\partial t} = \frac{\partial u(\xi, \eta)}{\partial \xi}\frac{\partial \xi}{\partial t} + \frac{\partial u(\xi, \eta)}{\partial \eta}\frac{\partial \eta}{\partial t}$$

$$= c\left(\frac{\partial u}{\partial \xi} - \frac{\partial u}{\partial \eta}\right)$$

さらにもう1回，同じように偏微分して

$$\frac{\partial^2 u}{\partial t^2} = c^2\left\{\frac{\partial}{\partial \xi}\left(\frac{\partial u}{\partial \xi} - \frac{\partial u}{\partial \eta}\right) - \frac{\partial}{\partial \eta}\left(\frac{\partial u}{\partial \xi} - \frac{\partial u}{\partial \eta}\right)\right\}$$

$$= c^2\left(\frac{\partial^2 u}{\partial \xi^2} - 2\frac{\partial^2 u}{\partial \xi \partial \eta} + \frac{\partial^2 u}{\partial \eta^2}\right)$$

を得る．ただし，ここで

$$\frac{\partial}{\partial \xi}\left(\frac{\partial u}{\partial \eta}\right) = \frac{\partial}{\partial \eta}\left(\frac{\partial u}{\partial \xi}\right) = \frac{\partial^2 u}{\partial \xi \partial \eta}$$

を用いた．同様にして

$$\frac{\partial^2 u}{\partial x^2} = \frac{\partial^2 u}{\partial \xi^2} + 2\frac{\partial^2 u}{\partial \xi \partial \eta} + \frac{\partial^2 u}{\partial \eta^2}$$

これらを式(5.6)に代入すれば，式(5.6)は

$$4\frac{\partial^2 u}{\partial \xi \partial \eta} = 0$$

すなわち

$$u_{\xi\eta} = 0 \qquad (5.7)$$

と変形される．この方程式の一般解は 5-1 節の例 3 で求めたとおり，$\phi(\xi), \psi(\eta)$ をそれぞれ ξ と η の任意関数として

$$u = \phi(\xi)+\psi(\eta)$$

となる．ここで，独立変数をもとに戻せば，式(5.6)の一般解

$$u(x,t) = \phi(x+ct)+\psi(x-ct) \tag{5.8}$$

を得る．式(5.8)を**ダランベール**(J. d'Alembert, 1717-83)**の解**という．この解を図示すると図5-2のようになる．すなわち，<u>波動方程式(5.6)の解は，xの負の方向に速度cで進む波$\phi(x+ct)$と，正の方向に速度cで進む波$\psi(x-ct)$の重ね合わせによって表わされる</u>．

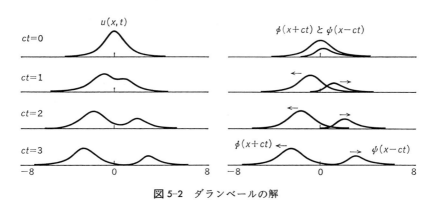

図5-2 ダランベールの解

波動方程式の初期値問題 時刻$t=0$で波の形

$$u(x,t=0) = f(x), \quad u_t(x,t=0) = g(x) \tag{5.9}$$

が与えられたとして，式(5.6)を解き，$t\geqq 0$での波の変化$u(x,t)$を求めよう．これは，**初期値問題**，あるいは数学者コーシー(A. L. Cauchy, 1789-1857)がこのような問題を考えたのにちなんで，**コーシー問題**という．

式(5.6)のように，一般解がわかっている方程式の初期値問題の解は，一般解に含まれる任意関数を初期条件から決めることによって求められる．一般解(5.8)に初期条件(5.9)を入れると

$$u(x,0) = \phi(x)+\psi(x) = f(x) \tag{5.10}$$
$$u_t(x,0) = c(\phi'(x)-\psi'(x)) = g(x) \tag{5.11}$$

式(5.11)はtを含まない式なので，xに関して積分すると

130 —— **5** 偏微分方程式

$$c(\phi(x)-\phi(x)) = \int_0^x g(s)ds + C \tag{5.12}$$

となる．ただし，C は積分定数である．式(5.12)を c で割って式(5.10)と加えると，

$$\phi(x) = \frac{1}{2}f(x) + \frac{1}{2c}\int_0^x g(s)ds + \frac{C}{2c}$$

減じると

$$\phi(x) = \frac{1}{2}f(x) - \frac{1}{2c}\int_0^x g(s)ds - \frac{C}{2c}$$

となる．したがって，初期値問題の解として

$$u(x,t) = \frac{1}{2}\left[f(x+ct)+f(x-ct)\right] + \frac{1}{2c}\int_{x-ct}^{x+ct} g(s)ds \tag{5.13}$$

を得る．これを**ストークス**(G. Stokes, 1819–1903)**の波動公式**という．関数 f と g が滑らかな関数ならば，式(5.13)が実際に波動方程式(5.6)を満たすことを，読者自ら確かめて欲しい．

例題 5.1 初期条件

$$u(x,0) = f(x) = \begin{cases} 1 & (|x| \leqq 1) \\ 0 & (|x| > 1) \end{cases}, \quad u_t(x,0) = g(x) = 0$$

の下で波動方程式

$$u_{tt} - u_{xx} = 0$$

を解け．

［解］　ストークスの波動公式(5.13)から

$$u(x,t) = \frac{1}{2}\left\{f(x-t)+f(x+t)\right\}$$

となる．解の変化の様子を図5-3に示す．∎

波の反射　次に，ストークスの波動公式を利用して，固定端における波の反射の問題を考えてみよう．これは，物理的には図5-4のように，一方が固定された弦を考えることに相当し，数学的には次のような境界条件

$$u(x=0,t) = 0 \tag{5.14}$$

の下で波動方程式(5.6)を解くことに相当する．これに初期条件として式(5.9)

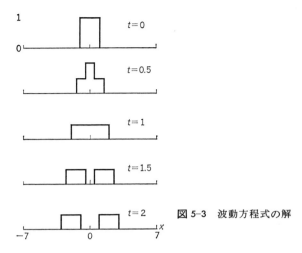

図 5-3 波動方程式の解

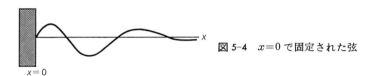

図 5-4 $x=0$ で固定された弦

を加えた問題を解こう．これは，**混合問題**と呼ばれ，ストークスの波動公式にさらに条件(5.14)を付け加えれば解ける．

さて，この問題では，$x \geqq 0$ の領域の解だけを求めればよい．したがって，関数 $f(x), g(x)$ は $x \geqq 0$ の領域だけで定義されている．

式(5.13)において，$x=0$ とし，$u(0,t)$ が 0 となるとすると

$$u(0,t) = \frac{1}{2}[f(ct)+f(-ct)]+\frac{1}{2c}\int_{-ct}^{ct} g(s)ds = 0$$

となる．上式は

$$f(-x) = -f(x), \quad g(-x) = -g(x)$$

と選べば満足される．したがって，この条件をつけたストークスの波動公式が混合問題の解となる．

物理的にはこの解は，x の正の方向から入射してくる波の固定端での反射は，

仮想的に x の負の方向にも延びている弦において，x の負の方向から，正負を反転した波 $-u$ がやってきて，$x>0$ の方からくる波と干渉し合うのと，まったく同じ現象となることを表わしている(図5-5).

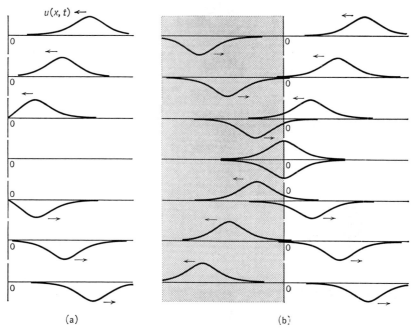

(a)　　　　　　　　　　(b)

図 5-5　固定端での波の反射(a)．これは(b)のように，正負を反転した波が $-x$ の方向から入射してくると考えれば，理解できる．

次に具体的な例を示す．

[例1] 波動方程式
$$u_{tt}-u_{xx}=0$$
に対して，初期条件
$$u(x,0)=f(x)=\begin{cases}1 & (1\leqq x\leqq 3)\\ 0 & (0<x<1,\ 3<x)\end{cases},\quad u_t(x,0)=g(x)=0$$
と境界条件 $u(0,t)=0$ の両方を満足する解を求めよう．$f(x)$ を $x<0$ の領域に奇関数として拡張した関数を $\tilde{f}(x)$ とすると，解は

$$u(x,t) = \frac{1}{2}\{\tilde{f}(x-t) + \tilde{f}(x+t)\}$$

で与えられる．解の時間的変化を図 5-6 に示した．初期パルスは右側と左側に進むちょうど半分ずつのパルスに分かれ，左側に進んだパルスは正負逆転した x の負の方向から進んでくるパルスと原点でぶつかり，すれちがうような変化をする．∎

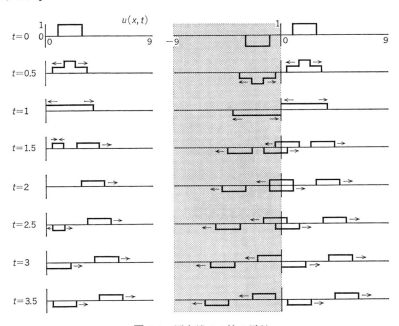

図 5-6 固定端での波の反射

両端の固定された弦の振動 次に，両端 $x=0$ と $x=L$ が固定された弦の振動を調べよう．これは数学的には，波動方程式(5.6)を境界条件

$$u(x=0,t) = 0, \quad u(x=L,t) = 0 \tag{5.15}$$

の下で解く問題となる．以下，初期条件(5.9)を加えた混合問題を解くことにしよう．

条件(5.15)の第 1 式と初期条件を満たす解は，上の例で求めた．ここでは，その解から，さらに条件(5.15)の第 2 式を満たすような解を導こう．式(5.13)

において $x=L$ とし，$u(L,t)=0$ と置くと

$$u(L,t) = \frac{1}{2}[f(L+ct)+f(L-ct)] + \frac{1}{2c}\int_{L-ct}^{L+ct} g(s)ds = 0$$

となる．これは，奇関数 f と g がさらに周期 $2L$ の周期関数であれば満足される．したがって，区間 $0 \leq x \leq L$ で定義されている関数 f, g を周期 $2L$ の奇関数に拡張すれば，ストークスの波動公式(5.13)が解となる．

[例2] 両端 $(x=0, L)$ が固定された弦の振動を $f(x)=(L-x)x$，$g(x)=0$ の下で解こう．$f(x)$ を周期 $2L$ の奇関数に拡張した関数を $\tilde{f}(x)$ とすると，解は

$$u(x,t) = \frac{1}{2}\{\tilde{f}(x-ct)+\tilde{f}(x+ct)\}$$

で与えられる．解の時間的変化を図 5-7 に示した．|

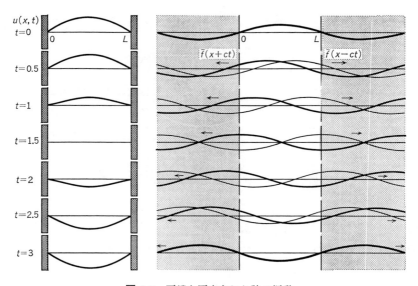

図 5-7 両端を固定された弦の振動

フーリエ級数による弦の振動の解析 ダランベールは，一般解から弦の振動を表わす混合問題の解を求める方法を発見したが，これに対して，フーリエは，特解を重ね合わせることによって解を求める方法を示した．この考え方に従っ

5-2 波動方程式 ——— 135

て，解を求めてみよう．

　偏微分方程式の特解を求める有効な方法として，**変数分離法**が知られている．以下，これを用いよう．変数分離法は偏微分方程式の特別な解として

$$u(x, t) = X(x)T(t) \tag{5.16}$$

の形に書ける解をさがす方法である．u が x だけの関数 X と t だけの関数 T の積の形に書け，変数が分離されるので，このような形の解を求める方法を変数分離法と呼ぶのである．

　式(5.16)を波動方程式(5.6)に代入すると

$$XT_{tt} = c^2 X_{xx} T$$

すなわち

$$\frac{1}{c^2}\frac{T_{tt}}{T} = \frac{X_{xx}}{X}$$

を得る．この式の左辺は t だけの関数で，右辺は x だけの関数であり，これらがつねに等しいということは，この式の右辺も左辺も，t にも x にもよらない定数 k に等しいということである．これから

$$X''(x) = kX(x) \tag{5.17}$$

$$T''(t) = c^2 kT(t) \tag{5.18}$$

を得る．すなわち，式(5.16)のように置くことにより，偏微分方程式が2つの常微分方程式に分離されるのである．

　さて，式(5.17), (5.18)を両端が固定された境界条件

$$u(0, t) = u(L, t) = 0 \tag{5.19}$$

が満たされるように解こう．上式に，式(5.16)を代入すると

$$X(0)T(t) = 0, \qquad X(L)T(t) = 0$$

を得る．$T(t)$ が恒等的に0となるのも解の1つであるが，これはつまらない解なので，

$$X(0) = X(L) = 0 \tag{5.20}$$

となる解を求めよう．

136 ——— **5** 偏微分方程式

(1) $k=q^2>0$ の場合．式(5.17)の一般解は

$$X(x) = ae^{qx}+be^{-qx}$$

となる．これを式(5.20)に代入すると

$$a+b = 0, \quad ae^{qL}+be^{-qL} = 0$$

となる．この連立方程式を解いて，$a=b=0$，すなわち，$X(x)=0$を得る．これはつまらない解である．

(2) $k=0$ の場合．このときは，式(5.17)の一般解は

$$X(x) = ax+b$$

となる．これを式(5.20)に代入すると，$a=b=0$となることがわかる．これもつまらない解である．

(3) $k=-p^2$ の場合．このときは，式(5.17)の一般解は

$$X(x) = a\cos px+b\sin px$$

となる．これを境界条件(5.20)に代入すると

$$a = 0, \quad b\sin pL = 0$$

を得る．上式の第2式は$p=n\pi/L\,(n=1,2,\cdots)$ならば$b\neq0$となる解があることを示している．したがって，$n=1,2,\cdots$に対し，b_nを任意定数として

$$X_n(x) = b_n\sin\frac{n\pi}{L}x$$

が常微分方程式(5.17)の境界条件(5.20)の下での解となる．

このように，$X(x)\neq0$となる解が存在するときのkの値を**固有値**，そのときの解を**固有関数**という．いまの場合，固有値は離散的ではあるが，無限個（1つ，2つ，… と数えられるので，可算である）存在する．固有値$k_n=-(n\pi/L)^2$に対して，もう1つの常微分方程式(5.18)を解くと

$$T_n(t) = c_n\cos\omega_n t+d_n\sin\omega_n t$$

を得る．ただし，$\omega_n=cp_n=cn\pi/L$である．また，c_nとd_nは任意定数．

こうして，偏微分方程式である波動方程式を変数分離した2つの常微分方程式の解が求まったので，もとの波動方程式の特解として

$$u_n(x,t) = X_n(x)T_n(t)$$

$$= (A_n \cos \omega_n t + B_n \sin \omega_n t) \sin \frac{n\pi}{L} x \tag{5.21}$$

が求められた．ただし，A_n と B_n は任意定数である．この式は三角関数の性質により，$\omega = c\pi/L$ として

$$u_n(x, t) = C_n \sin\left(\frac{n\pi}{L} x\right) \cos(n\omega t + \phi_n) \tag{5.22}$$

と書き直すことができる．ただし，C_n と ϕ_n は任意定数である．

この式は x を固定して考えると，各 x について調和振動

$$D_n(x) \cos(n\omega t + \phi_n)$$

を表わしている．ただし，$D_n(x) = C_n \sin(n\pi x/L)$ である．$n = 1$ のときには角振動数が最も低く ω で，これを**基本モード**という．また，ω を**基本角周波数**という．これに対し，u_n を**第 n 高調波モード**という．第 n 高調波モードは基本角周波数の n 倍で振動している．

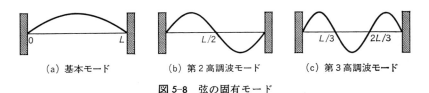

(a) 基本モード　　(b) 第2高調波モード　　(c) 第3高調波モード

図 5-8　弦の固有モード

楽器のギターの弦をはじくと，いろいろなモードの高調波を聞くことになる．これらはすべて基本角周波数の整数倍となっており，音楽的な音色となるのである．通常，n が大きい高調波ほど，もっているエネルギーは小さくなるので，ギターの弦の音は，基本モードと数倍の高調波モードの音が基本となって聞こえる．

さて，各モードに対して $D_n(x)$ が点 x での振幅を与えるわけであるが，$D_n(x) = 0$ となる点がある．これを節(ふし)という．基本モードは $x = 0$ と $x = L$ に2つの節をもち，n 倍の高調波モードは $n+1$ の節をもつ．例えば，2倍の高調波モードは3つの節を $x = 0$，$x = L$ と $x = L/2$ にもつ．一般に，2以上の偶数倍の高調波モードは $x = L/2$ に節をもつ．

138 ——— **5** 偏微分方程式

ギターの高度な演奏法に，弦に指を軽く触れたまま弦をひき，高い音を出す方法がある．例えば，弦の 1/2 のところに軽く指を触れて弦をひけば，$x=L/2$ に節の無いモードは減殺されて，$2n$ 倍 $(n \geqq 1)$ の高調波のみが発生して高い音がでるのである．

$D_n(x)$ が最大値をとる点 x を腹（はら）という．n 倍の高調波は n 個の腹をもつ．

特解の重ね合わせ　上に求めた特解は境界条件を満たしているが，初期条件は満たしていない．そこで，特解を重ね合わせて，初期条件を満足する解をつくってみよう．式(5.6)の特解(5.21)を重ね合わせると

$$u = \sum_{n=1}^{\infty} u_n(x,t)$$

$$= \sum_{n=1}^{\infty} (A_n \cos \omega_n t + B_n \sin \omega_n t) \sin \frac{n\pi}{L} x \tag{5.23}$$

これが満足する初期条件を

$$u(x,0) = \sum_{n=1}^{\infty} A_n \sin \frac{n\pi}{L} x = f(x) \tag{5.24}$$

$$u_t(x,0) = \sum_{n=1}^{\infty} B_n \omega_n \sin \frac{n\pi}{L} x = g(x) \tag{5.25}$$

とする．これらの式はじつは，関数 $f(x)$ と $g(x)$ のフーリエ正弦級数展開の形をしている．したがって，係数 A_n, B_n は式(1.18)により

$$A_n = \frac{2}{L} \int_0^L f(x) \sin \frac{n\pi x}{L} dx \tag{5.26}$$

$$B_n = \frac{2}{L\omega_n} \int_0^L g(x) \sin \frac{n\pi x}{L} dx \tag{5.27}$$

と求められる．

　[注意]　$\omega_n = cn\pi/L$ であるから，解(5.23)は，三角関数の加法定理により

$$u(x,t) = \sum_{n=1}^{\infty} \left(A_n \cos \frac{cn\pi t}{L} \sin \frac{n\pi x}{L} + B_n \sin \frac{cn\pi t}{L} \sin \frac{n\pi x}{L} \right)$$

$$= \frac{1}{2} \sum_{n=1}^{\infty} \left\{ A_n \left(\sin \frac{n\pi}{L}(x+ct) + \sin \frac{n\pi}{L}(x-ct) \right) \right.$$

$$\left. - B_n \left(\cos \frac{n\pi}{L}(x+ct) - \cos \frac{n\pi}{L}(x-ct) \right) \right\} \tag{5.28}$$

と書ける. ここで A_n は(5.26)で与えられるので, (1.18)を思い出せば

$$\sum_{n=1}^{\infty} A_n \sin \frac{n\pi}{L}(x+ct) = f(x+ct)$$

$$\sum_{n=1}^{\infty} A_n \sin \frac{n\pi}{L}(x-ct) = f(x-ct)$$

となる. また B_n は(5.27)で与えられるので, 式(5.28)で B_n のついた項を t で微分すると

$$-\frac{d}{dt}\sum_{n=1}^{\infty} B_n \left\{\cos\frac{n\pi}{L}(x+ct)-\cos\frac{n\pi}{L}(x-ct)\right\}$$

$$= \sum_{n=1}^{\infty} B_n \omega_n \left\{\sin\frac{n\pi}{L}(x+ct)+\sin\frac{n\pi}{L}(x-ct)\right\}$$

$$= g(x+ct)+g(x-ct)$$

となる. これを積分して, $t=0$ では B_n にかかる項は0となることを考慮すれば,

$$-\sum_{n=1}^{\infty} B_n \left\{\cos\frac{n\pi}{L}(x+ct)-\cos\frac{n\pi}{L}(x-ct)\right\}$$

$$= \int_0^t \{g(x+ct')+g(x-ct')\}\,dt'$$

を得る. したがって

$$u(x,t) = \frac{1}{2}\{f(x+ct)+f(x-ct)\}$$

$$+\frac{1}{2}\int_0^t \{g(x+cs)+g(x-cs)\}\,ds$$

$$= \frac{1}{2}\{f(x+ct)+f(x-ct)\}+\frac{1}{2c}\int_{x-ct}^{x+ct} g(s)\,ds$$

となって, 一般解から求めた解と一致することがわかる. このようにまったく異なったアイディアで同じ解が得られるのは興味深い. ▮

例題 5.2 長さ L の弦の中心の一部分(幅 a)を $t=0$ でたたいたとすると, $t=0$ で $u(x,0)=f(x)=0$,

$$u_t(x,0) = g(x) = \begin{cases} 0 & (0\leqq x<(L-a)/2) \\ 1 & ((L-a)/2\leqq x\leqq(L+a)/2) \\ 0 & ((L+a)/2<x\leqq L) \end{cases}$$

140 ——— **5** 偏微分方程式

この弦の振動を調べよ.

[解] 式(5.26), (5.27)から, $A_n=0$ で

$$B_n = \frac{2}{L\omega_n} \int_{(L-a)/2}^{(L+a)/2} \sin\frac{n\pi x}{L} dx$$

$$= \frac{-2}{L\omega_n}\frac{L}{n\pi}\left[\cos\frac{n\pi x}{L}\right]_{(L-a)/2}^{(L+a)/2}$$

$$= \frac{4}{n\pi\omega_n}\sin\frac{n\pi}{2}\sin\frac{n\pi a}{2L}$$

となる. したがって

$$u(x,t) = \sum_{n=1}^{\infty} \frac{4}{n\pi\omega_n}\sin\frac{n\pi}{2}\sin\frac{n\pi a}{2L}\sin\omega_n t\sin\frac{n\pi}{L}x$$

となる. ▌

エネルギーの保存 波動方程式(5.6)の場合, 系のもつエネルギー $\mathcal{E}(t)$ はポテンシャルエネルギー $c^2 u_x{}^2$ と運動エネルギー $u_t{}^2$ の総和として

$$\mathcal{E}(t) = \int_0^L (c^2 u_x{}^2 + u_t{}^2)dx \tag{5.29}$$

で与えられる. 波動方程式(5.6)の特徴の1つとして, エネルギーが一定に保たれることが, 次のようにして示される.

$$\mathcal{E}_t(t) = \int_0^L (c^2\cdot 2u_x u_{xt} + 2u_t u_{tt})dx$$

$$= [c^2 u_x u_t]_0^L + \int_0^L (-c^2\cdot 2u_{xx}u_t + 2u_t u_{tt})dx$$

$$= [c^2 u_x u_t]_0^L = 0$$

ただし, 最後の式は境界条件によって0となるのである. これから, $\mathcal{E}(t)=$一定 となることがわかる. すなわち, 波動方程式(5.6)は時間が経過してもエネルギーが失われることのないという意味で, 損失のない系を表わしていることがわかる. これは, 式(5.6)の解が減衰せずに伝わる波動を表わしていることからも当然の結果である.

この, エネルギーが一定となるということから, 弦の振動を表わす初期値と境界値の混合問題の解が, ただ1つしかないということが簡単に示せるのは興

味深い．このことを見るために，混合問題の解が2つあったとして，これを u' と u'' としてみる．このとき，$u=u'-u''$ は境界条件

$$u(0, t) = u(L, t) = 0$$

を満たし，また初期条件

$$u(x, 0) = 0, \qquad u_t(x, 0) = 0$$

を満足する式(5.6)の解である．上式の第1式を x について偏微分すれば，

$$u_x(x, 0) = 0$$

となるから，$\mathcal{E}(0)=0$ となり，$\mathcal{E}(t)=0$ となることがわかる．$c^2 u_x{}^2$ と $u_t{}^2$ は非負であるので，$\mathcal{E}(t)=0$ から

$$u_x = 0, \qquad u_t = 0$$

を得る．この式は，u が x にも t にも依存しないことを表わしているので

$$u(x, t) = 定数$$

となる．$t=0$ で $u=0$ であるから，この定数は0となることがわかる．これは u' と u'' が等しいことをいっている．解が1つしかないということは，同じ初期条件を与えてやれば同じ現象が再現されるということを意味しており，物理的には自然なことである．

　無限区間での波動　次に，$-\infty < x < \infty$ での波動方程式(5.6)を再考しよう．初期条件として

$$u(x, 0) = f(x), \qquad u_t(x, 0) = g(x)$$

を仮定する．

　特解を求めるために，$u(x, t) = X(x)T(t)$ と変数分離を行なうと

$$X''(x) + p^2 X(x) = 0 \tag{5.30}$$

$$T''(t) + c^2 p^2 T(t) = 0 \tag{5.31}$$

が得られるのは前の議論と同じである．ただ，境界条件が異なっており，$X(x) \rightarrow 0 \, (|x| \rightarrow \infty)$ という条件となる．これが満たされるのは，分離定数 k が負のときであり，$k = -p^2$ とおいたのはそのためである．式(5.30)を解こう．

$$X(x) = e^{ax}$$

と置いて，式(5.30)に代入すると

142 ——— **5** 偏微分方程式

$$(a^2+p^2)X(x) = 0$$

を得る. $e^{ax} \neq 0$ であるから，$a = \pm ip$ となる．したがって，式(5.30)の一般解
として

$$X(x) = Ae^{ipx} + Be^{-ipx} \tag{5.32}$$

を得る．同様にして，式(5.31)の一般解として

$$T(t) = Ce^{icpt} + De^{-icpt} \tag{5.33}$$

を得る．したがって，式(5.6)の特解として

$$u(x,t) = X(x)T(t)$$
$$= (Ae^{ipx} + Be^{-ipx})(Ce^{icpt} + De^{-icpt}) \tag{5.34}$$

を得る．

さて，この特解の重ね合わせとして，この混合問題の解を導こう．p は連続
的に実数全部を取れるので，重ね合わせは積分で行なうことにする．

$$u(x,t) = \int_{-\infty}^{\infty} \{a(p)e^{ip(x+ct)} + b(p)e^{ip(x-ct)}\} dp \tag{5.35}$$

ただし，積分を $-\infty$ から ∞ まで行なうので，$e^{ip(-x+ct)}$ と $e^{-ip(x+ct)}$ の積分を独
立に考える必要はない．

これに初期条件

$$u(x,0) = f(x) = \int_{-\infty}^{\infty} \{a(p)+b(p)\} e^{ipx} dp$$

$$u_t(x,0) = g(x) = \int_{-\infty}^{\infty} icp\{a(p)-b(p)\} e^{ipx} dp$$

を与えると，$F(p)$ と $G(p)$ を関数 $f(x)$ と $g(x)$ のフーリエ変換として

$$2\pi\{a(p)+b(p)\} = F(p)$$

$$2\pi icp\{a(p)-b(p)\} = G(p)$$

を得る．この連立1次方程式を解いて

$$a(p) = \frac{F(p)}{4\pi} + \frac{G(p)}{4\pi icp} \tag{5.36}$$

$$b(p) = \frac{F(p)}{4\pi} - \frac{G(p)}{4\pi icp} \tag{5.37}$$

を得る. 式 (5.35), (5.36), (5.37) が有限領域の場合の式 (5.23), (5.26), (5.27) に相当する式である.

[注意] 式 (5.36), (5.37) を式 (5.35) に代入すると

$$u(x,t) = \frac{1}{4\pi} \int_{-\infty}^{\infty} F(p) \{e^{ip(x+ct)} + e^{ip(x-ct)}\} dp$$

$$+ \frac{1}{4\pi} \int_{-\infty}^{\infty} \left\{ \frac{G(p)}{icp} e^{ip(x+ct)} - \frac{G(p)}{icp} e^{ip(x-ct)} \right\} dp$$

を得る. この式の第1項は, フーリエ逆変換により

$$\frac{1}{2} [f(x+ct) + f(x-ct)]$$

となる. また, 第2項は

$$\frac{1}{4\pi c} \int_{-\infty}^{\infty} G(p) dp \int_{x-ct}^{x+ct} e^{ips} ds$$

と書けるが, 積分の順序が交換できるとすると, フーリエ逆変換の公式により

$$\frac{1}{2c} \int_{x-ct}^{x+ct} g(s) ds$$

となる. 以上から, 最終的に

$$u(x,t) = \frac{1}{2} [f(x+ct) + f(x-ct)] + \frac{1}{2c} \int_{x-ct}^{x+ct} g(s) ds$$

を得る. これも一般解から求めた結果と一致する. ▌

〰〰〰〰〰〰〰〰〰〰〰〰〰〰〰〰〰〰〰〰〰〰 **問 題 5-2** 〰〰〰〰〰〰〰〰〰〰〰〰〰〰〰〰〰〰〰〰〰〰〰

1. 波の自由端での反射を調べるために, 波動方程式の混合問題

$$u_{tt} - c^2 u_{xx} = 0 \qquad (0 \leq x < \infty)$$

$$u_x(0,t) = 0, \qquad u(x,0) = f(x), \qquad u_t(x,0) = g(x)$$

を解け. また, この解を物理的に解釈せよ.

2. 問1において, $g(x) = 0$ で

$$f(x) = \begin{cases} 1 & (|x-5| \leq 1) \\ 0 & (0 < x < 4, \ 6 < x) \end{cases}$$

のときの解を求め, 図に示せ. ただし, $c = 1$ とする.

144 ——— **5** 偏微分方程式

3. 長さ L の弦が

$$u(x,0) = a(L-x)x, \qquad u_t(x,0) = 0$$

の状態から振動を始めた．波動方程式

$$u_{tt} - u_{xx} = 0$$

を解くことにより，どのような振動のモードが存在するかを調べよ．ただし，弦の両端は固定され，$u(0,t) = u(L,t) = 0$ が成り立つものとする．

5-3 拡散方程式

次に 1 次元**拡散方程式**（**熱伝導方程式**とも呼ばれる）

$$u_t = \kappa u_{xx} \qquad (\kappa > 0) \tag{5.38}$$

の解析を行なおう．式 (5.38) の一般解は，波動方程式のときのようには簡単に求めることができない．これが，波動方程式と拡散方程式の解析において，大きく異なるところである．しかし，特解を求めてその重ね合わせによって，解を求めるという**フーリエの方法**はこの方程式にも適用できる．これはフーリエの方法の有利な点の 1 つである．

いま，時刻 $t=0$ で

$$u(x,t=0) = f(x) \tag{5.39}$$

が与えられたとして，式 (5.38) を解こう．物理的には，x 軸上におかれた周囲とは断熱された棒の $t=0$ での熱の分布がわかっているときに，これが時間とともにどのように変化していくかを考える問題に相当する．

まず，棒がドーナツのように環状で，x 軸としては輪に沿って長さを測るものとする（図 5-9）．ドーナツの周長を $2L$ とすると，以上の仮定は，数学的には，境界条件を

$$u(0,t) = u(2L,t), \qquad u_x(0,t) = u_x(2L,t) \tag{5.40}$$

と置いたことに対応する．式 (5.40) のような境界条件は解析しやすい条件の 1 つで，理工学では固定端とか開放端などとともによく考察されるものの 1 つで

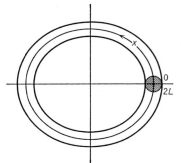

図 5-9 周期的境界条件

あり，**周期的境界条件**(periodic boundary condition) と呼ばれる．

フーリエの方法　熱の伝導の問題はフーリエがフーリエ級数を発見する動機となった，歴史的にも記念すべき問題である．まず，特解を変数分離の方法により求め，重ね合わせにより式(5.38)～(5.40)で与えられる初期値問題の解をつくろう．

変数分離法の定石に従い

$$u(x,t) = X(x)T(t)$$

と置いて，式(5.38)に代入すると

$$XT' = \kappa X''T$$

を得る．両辺を κXT で割ると

$$\frac{1}{\kappa}\frac{T'}{T} = \frac{X''}{X}$$

となるが，左辺は t だけの関数で，右辺は x だけの関数であるから，両者は定数 k でなければならない．これから

$$X'' - kX = 0 \tag{5.41}$$

$$T' - \kappa kT = 0 \tag{5.42}$$

を得る．境界条件(5.40)は

$$X(0) = X(2L), \quad X'(0) = X'(2L) \tag{5.43}$$

となるので，この条件下で式(5.41)を解くと

146 ——— **5** 偏微分方程式

$$X(x) = A \cos \frac{\pi n}{L} x + B \sin \frac{\pi n}{L} x \qquad (n=0, 1, 2, \cdots) \qquad (5.44)$$

を得る. すなわち, $k_n = -(\pi n/L)^2$ のときのみ, 式(5.41)の解が存在するのである. $k_n = -p_n{}^2 = -(\pi n/L)^2$ のとき, 式(5.42)の解は

$$T_n(t) = Ce^{-\kappa p_n{}^2 t}$$

となる. したがって,

$$u_0(x, t) = \frac{A_0}{2}$$

$$u_n(x, t) = \left(A_n \cos \frac{n\pi x}{L} + B_n \sin \frac{n\pi x}{L} \right) e^{-\kappa p_n{}^2 t} \qquad (n=1, 2, \cdots)$$

は, 境界条件(5.40)をみたす式(5.38)の解となる.

次に, これらを重ね合わせて, 初期条件(5.39)をみたす解をつくろう.

$$u(x, t) = \frac{A_0}{2} + \sum_{n=1}^{\infty} \left(A_n \cos \frac{n\pi x}{L} + B_n \sin \frac{n\pi x}{L} \right) e^{-\kappa p_n{}^2 t} \qquad (5.45)$$

と置く. この式で, $t=0$ としたものが $f(x)$ に等しい, というのが初期条件である.

$$f(x) = \frac{A_0}{2} + \sum_{n=1}^{\infty} \left(A_n \cos \frac{n\pi x}{L} + B_n \sin \frac{n\pi x}{L} \right) \qquad (5.46)$$

この式の右辺は関数 f のフーリエ級数にほかならない. したがって, f がフーリエ級数に展開できるとすれば

$$A_n = \frac{1}{L} \int_{-L}^{L} f(x) \cos \frac{n\pi x}{L} dx \qquad (n=0, 1, 2, \cdots)$$

$$B_n = \frac{1}{L} \int_{-L}^{L} f(x) \sin \frac{n\pi x}{L} dx \qquad (n=0, 1, 2, \cdots)$$

(5.47)

となることがわかる. このように, フーリエ級数は偏微分方程式の解析を通じて自然に現われる.

例題 5.3 断熱された長さ π のリング状の金属棒の初期温度分布が

$$u(x, 0) = f(x) = (\pi - x)x$$

で与えられるという. 時刻 $t > 0$ での温度分布を求めよ.

[解] 関数 $f(x)$ のフーリエ級数展開は

で与えられるので，解は

$$u(x,t) = \frac{\pi^2}{6} - \sum_{n=1}^{\infty} \frac{\cos 2nx}{n^2} e^{-4\kappa n^2 t}$$

と求められる．この解から，$t\to\infty$ で $u(x,t)\to\pi^2/6$ と，棒の温度が棒全体の温度の平均値に収束することがわかる（図 5-10）．

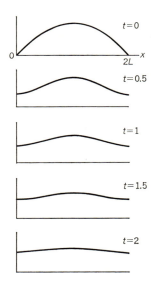

図 5-10 断熱されたリング状の棒の温度変化（$\kappa=1$, $2L=\pi$）

無限に長い棒での熱伝導　次に，無限に長い棒での熱の伝わり方に関する問題を考える．$-\infty<x<\infty$ で式(5.38)を考える．初期条件として，

$$u(x,t=0) = f(x) \tag{5.48}$$

境界条件として，

$$u(x,t) \to \text{有界} \quad (|x|\to\infty) \tag{5.49}$$

を満たす解を求めよう．式(5.49)は $|x|\to\infty$ で温度が一定になるという物理的要請である．$u(x,t)=X(x)T(t)$ と置けば，

$$X'' - kX = 0 \tag{5.50}$$

148 ——— **5** 偏微分方程式

$$T' - \kappa kT = 0 \tag{5.51}$$

を得る．式 (5.49) で与えられる条件から，$X(x)$ は

$$X(x) \to \text{有界} \qquad (|x| \to \infty) \tag{5.52}$$

を満たさなくてはならないことがわかる．式 (5.50) の (5.52) を満たす解は，$k = -p^2$ のときに

$$X(x) = Ae^{ipx} + Be^{-ipx} \tag{5.53}$$

で与えられる．また，$k = -p^2$ のとき，式 (5.51) の解は

$$T(t) = Ce^{-\kappa p^2 t} \tag{5.54}$$

で与えられるから，式 (5.38), (5.49) を満たす特解として

$$u(x,t) = (Ae^{ipx} + Be^{-ipx})e^{-\kappa p^2 t} \tag{5.55}$$

を得る．これは初期条件を満たさないので，その重ね合わせによって初期条件を満たす解をつくることを考えよう．p は実数全部を取れるので

$$u(x,t) = \frac{1}{2\pi} \int_{-\infty}^{\infty} A(p) e^{ipx - \kappa p^2 t} dp \tag{5.56}$$

と置く．ただし，$p = -p'$ のとき，$e^{ipx}e^{-\kappa p^2 t} = e^{-ip'x}e^{-\kappa p'^2 t}$ となるので，式 (5.55) の右辺第 2 項は省略した．式 (5.56) において $t=0$ とすると

$$u(x,0) = f(x) = \frac{1}{2\pi} \int_{-\infty}^{\infty} A(p) e^{ipx} dp$$

となり，$A(p)$ は $f(x)$ のフーリエ変換

$$A(p) = \int_{-\infty}^{\infty} f(y) e^{-ipy} dy \tag{5.57}$$

となることがわかる．したがって，

$$u(x,t) = \frac{1}{2\pi} \int_{-\infty}^{\infty} \left[\int_{-\infty}^{\infty} f(y) e^{-ipy} dy \right] e^{ipx - \kappa p^2 t} dp$$

$$= \frac{1}{2\pi} \int_{-\infty}^{\infty} dp \int_{-\infty}^{\infty} dy f(y) e^{ip(x-y)} e^{-\kappa p^2 t}$$

となる．ここで，上式の積分の順序が交換できるとすると

$$u(x,t) = \frac{1}{2\pi} \int_{-\infty}^{\infty} dy f(y) \int_{-\infty}^{\infty} dp e^{ip(x-y)} e^{-\kappa p^2 t}$$

となるが，公式

$$\int_{-\infty}^{\infty} dp\, e^{ipx - \kappa p^2 t} = \sqrt{\frac{\pi}{\kappa t}}\, e^{-x^2/4\kappa t} \tag{5.58}$$

を用いると

$$u(x, t) = \frac{1}{2\sqrt{\pi \kappa t}} \int_{-\infty}^{\infty} e^{-(x-y)^2/4\kappa t} f(y) dy \tag{5.59}$$

となることがわかる．これは任意関数を含む一般解の形をしている．

$$-s = \frac{x-y}{\sqrt{4\kappa t}}$$

と置くと，式(5.59)は

$$u(x, t) = \frac{1}{\sqrt{\pi}} \int_{-\infty}^{\infty} f(x + 2s\sqrt{\kappa t}) e^{-s^2} ds \tag{5.60}$$

とも書き直せる．

例題 5.4 無限に長い棒における熱の初期分布が，1点に集中したディラックのデルタ関数

$$u(x, 0) = \delta(x)$$

であったという．$t>0$ での熱の伝わり方を調べよ．

[解] 式(5.59)より

$$u(x, t) = \frac{1}{2\sqrt{\pi \kappa t}} \int_{-\infty}^{\infty} e^{-(x-y)^2/4\kappa t} \delta(y) dy$$

$$= \frac{1}{2\sqrt{\pi \kappa t}} e^{-x^2/4\kappa t} \tag{5.61}$$

となる．▊

式(5.61)の時間的変化の様子を図5-11に示した．この図から，任意の $t>0$ でどんな大きな x に対しても，$u(x, t)>0$ となることがわかる．これは，信号の伝わる速度は有限であるという法則に反しており，熱伝導の方程式の理論的な欠陥である．しかし，近似的には熱伝導の方程式は熱の伝導の様子をよく表わすことが知られている．

解の一意性 ここで

$$\mathcal{E}(t) = \int_{-\infty}^{\infty} u^2(x, t) dx \tag{5.62}$$

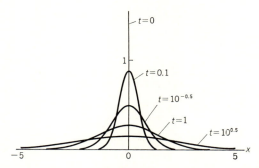

図 5-11 無限に長い棒での熱伝導. $t=0$ で $x=0$ に集中していた熱が, 急速に拡散していく様子がわかる.

で与えられる量が有限であるとし, その時間的変化を調べてみよう. $\mathcal{E}(t)$ を t について微分すると

$$\mathcal{E}'(t) = 2\int_{-\infty}^{\infty} u(x,t)u_t(x,t)dx$$

となるが, 熱伝導の方程式により $u_t = \kappa u_{xx}$ であるから,

$$\mathcal{E}'(t) = 2\kappa \int_{-\infty}^{\infty} u(x,t)u_{xx}(x,t)dx$$

となる. 部分積分により, これは

$$\mathcal{E}'(t) = 2\kappa[uu_x]_{-\infty}^{\infty} - 2\kappa \int_{-\infty}^{\infty} u_x^2 dx$$

となる. $uu_x \to 0 \, (|x| \to \infty)$ とすると, この式は

$$\mathcal{E}'(t) = -2\kappa \int_{-\infty}^{\infty} u_x^2 dx \leq 0 \tag{5.63}$$

となり, $\mathcal{E}'(t)$ は時間の経過とともに減少することがわかる.

不等式(5.63)から得られる不等式

$$\mathcal{E}(t) \leq \mathcal{E}(0) \quad (t \geq 0)$$

を**エネルギー不等式**という. エネルギー不等式の応用として, 熱伝導方程式(5.38)の初期条件(5.48)と境界条件(5.49)を満たす解が1つしかないことを証明しよう. いま, 熱伝導方程式(5.38)の解が2つあったとし, これを u' と u'' とする. $u = u' - u''$ と置くと, u は, 式(5.38)を満たす. この u に対し

$$\mathcal{E}(0) = \int_{-\infty}^{\infty} u(x,0)^2 dx = \int_{-\infty}^{\infty} (u'(x,0)-u''(x,0))^2 dx$$

となるが，$u'(x,0)=u''(x,0)=f(x)$ であるから，$\mathcal{E}(0)=0$ となる．したがって

$$\mathcal{E}(t) \leqq \mathcal{E}(0) = 0$$

一方，$\mathcal{E}(t)\geqq0$ であるから，$t\geqq0$ に対し

$$\mathcal{E}(t) = \int_{-\infty}^{\infty} (u'(x,t)-u''(x,t))^2 dx = 0$$

となり，$t\geqq0$ で

$$u'(x,t)-u''(x,t) = 0 \tag{5.64}$$

が成り立つことがわかる．式(5.64)は，解が1つしかないことを示している．

━━━━━━━━━━━━━━━ **問 題 5-3** ━━━━━━━━━━━━━━━

1. 熱伝導方程式

$$u_t-\kappa u_{xx} = 0, \qquad u(x,0) = f(x)$$

を，次の境界条件の下で解け．

$$u(0,t) = u(L,t) = 0$$

　　　　(棒の 0 と L のところが温度0に保たれているという条件)

また，$t\to\infty$ でこれらの解がどう振る舞うかを明らかにし，物理的な説明を加えよ．

2. 問 1 の初期値-境界値問題の解が一意的となることを示せ．

━━━━━━━━━━━━━━━━━━━━━━━━━━━━━━━━━━━━━━━

5-4　ラプラスの方程式

2次元のラプラス(P. S. Laplace, 1749–1827)の方程式

$$u_{xx}+u_{yy} = 0 \tag{5.65}$$

を考える．関数 $u=u(x,y)$ が時間 t に依存していない点がラプラスの方程式の特徴である．

長方形領域上でのラプラスの方程式　ここでは，最初に図 5-12 のような長

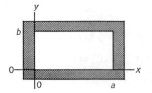

図 5-12 境界条件は，長方形の領域の周囲における u の値が与えられている．

方形の領域の周囲における u の値を与えて，領域の中の u の値を求める問題を考えよう．

$$u(0, y) = u(a, y) = 0 \tag{5.66}$$

$$u(x, b) = 0 \tag{5.67}$$

$$u(x, 0) = f(x) \tag{5.68}$$

これは，たとえば，物体の表面の電位が式(5.66)～(5.68)で与えられている場合に，物体の中の電位がどのように分布するのかを調べる問題とか，周囲の熱が式(5.66)～(5.68)で与えられている長方形の金属板の熱の定常分布を調べる問題などを表わしている．これを**ディリクレ**(P. G. L. Dirichlet, 1805-59)**型境界値問題**という．

以下，フーリエの方法によって解を求めよう．まず，変数分離法によって特解を求める．

$$u(x, y) = X(x)Y(y) \tag{5.69}$$

と置き，式(5.65)に代入すると

$$\frac{X''(x)}{X(x)} = -\frac{Y''(y)}{Y(y)} \tag{5.70}$$

を得る．両辺を $-p^2$ とおくと

$$X''(x) = -p^2 X(x) \tag{5.71}$$

$$Y''(y) = p^2 Y(y) \tag{5.72}$$

を得る．$-p^2$ は変数分離の定数であり，後に都合がよいように負に選んである．一方，式(5.66)，(5.67)から

$$X(0) = X(a) = 0 \tag{5.73}$$

$$Y(b) = 0 \tag{5.74}$$

を得る．式(5.71)の解は

$$X(x) = A \cos px + B \sin px$$

で与えられる．式(5.73)より

$$X(0) = A = 0 \tag{5.75}$$

$$X(a) = B \sin pa = 0 \tag{5.76}$$

を得る．式(5.76)には式(5.75)の条件が代入してある．式(5.76)より

$$p = \frac{n\pi}{a} \qquad (n = 1, 2, \cdots) \tag{5.77}$$

でなければならないことがわかる．このとき，式(5.72)の解として

$$Y(y) = A e^{n\pi y/a} + B e^{-n\pi y/a}$$

を得る．条件(5.74)より

$$Y(b) = A e^{n\pi b/a} + B e^{-n\pi b/a} = 0$$

となる．これより

$$\frac{B}{A} = -e^{2n\pi b/a}$$

したがって，$n = 1, 2, \cdots$ に対し，C_n を任意定数として

$$Y_n(y) = C_n(e^{n\pi(y-b)/a} - e^{-n\pi(y-b)/a}) = C_n \sinh \frac{n\pi}{a}(y-b)$$

を得る．

以上から特解として，$n = 1, 2, \cdots$ に対し

$$u_n(x, y) = X_n(x) Y_n(y) = B_n \sin \frac{n\pi x}{a} \sinh \frac{n\pi}{a}(y-b)$$

を得る．B_n は任意定数．

次に，これを重ね合わせて式(5.68)の境界条件を満たすような解を求めることを考える．

$$u(x, y) = \sum_{n=1}^{\infty} B_n \sin \frac{n\pi x}{a} \sinh \frac{n\pi}{a}(y-b) \tag{5.78}$$

は，式(5.66), (5.67)を満たすラプラスの方程式(5.65)の解である．これが境界条件(5.68)を満たすには

$$u(x, y=0) = -\sum_{n=1}^{\infty} B_n \sinh\frac{n\pi b}{a} \sin\frac{n\pi x}{a} = f(x)$$

を満たす必要がある．この式はフーリエ正弦展開の形をしているから

$$B_n = -\frac{2}{a\sinh(n\pi b/a)} \int_0^a f(x) \sin\frac{n\pi x}{a} dx$$

で与えられることがわかる．したがって

$$u(x, y) = \frac{2}{a} \sum_{n=1}^{\infty} \frac{\sinh[n\pi(b-y)/a]}{\sinh(n\pi b/a)} \sin\frac{n\pi x}{a} \int_0^a f(x) \sin\frac{n\pi x}{a} dx \tag{5.79}$$

が与えられた境界値問題の解となる．

例題 5.5 上の問題において，$f(x)=c$ のときの解を求めよ．

[解] 関数 $f(x)=c$ のフーリエ正弦係数は

$$B_n = \frac{2}{a} \int_0^a c \sin\frac{n\pi x}{a} dx = \begin{cases} 4c/n\pi & (n: \text{奇数}) \\ 0 & (n: \text{偶数}) \end{cases}$$

となる．したがって，解は

$$u(x, y) = \frac{4c}{\pi} \sum_{n=1}^{\infty} \frac{\sinh[(2n-1)\pi(b-y)/a]}{(2n-1)\sinh[(2n-1)\pi b/a]} \sin\frac{(2n-1)\pi x}{a}$$

となる．図 5-13 に解の概要を示した．■

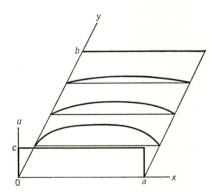

図 5-13 ラプラスの方程式の
ディリクレ問題の解

ラプラスの方程式の特徴 ここで，ラプラスの方程式の特徴を明らかにしよう．コンピュータによって，ラプラスの方程式を解くときには，**差分法**と呼ばれる方法が用いられる．これを用いてラプラスの方程式の特徴を明らかにでき

5-4 ラプラスの方程式

る．コンピュータでは記憶容量が有限のため，すべての (x, y) での u の値を記憶するわけにはいかない．

差分法では，図 5-14 のように，x-y 平面をメッシュに区切り，点 (x_m, y_n) $(x_m = m\Delta h, y_n = n\Delta h)$ 上の u の値

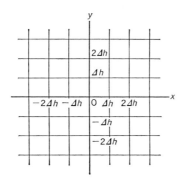

図 5-14 差分法に用いるメッシュ

$$u_{m,n} = u(x_m, y_n)$$

のみを考える．ここで，メッシュの刻み幅 Δh が十分小さいとすると

$$\frac{\partial u}{\partial x} \doteqdot \frac{u_{m+1,n} - u_{m,n}}{\Delta h}$$

$$\frac{\partial u}{\partial y} \doteqdot \frac{u_{m,n+1} - u_{m,n}}{\Delta h}$$

$$\frac{\partial^2 u}{\partial x^2} \doteqdot \frac{1}{\Delta h}\left\{\left[\frac{\partial u}{\partial x}\right]_{m,n} - \left[\frac{\partial u}{\partial x}\right]_{m-1,n}\right\}$$

$$\doteqdot \frac{1}{\Delta h}\left\{\frac{u_{m+1,n} - u_{m,n}}{\Delta h} - \frac{u_{m,n} - u_{m-1,n}}{\Delta h}\right\}$$

$$= \frac{1}{(\Delta h)^2}(u_{m+1,n} - 2u_{m,n} + u_{m-1,n})$$

$$\frac{\partial^2 u}{\partial y^2} \doteqdot \frac{1}{(\Delta h)^2}(u_{m,n+1} - 2u_{m,n} + u_{m,n-1})$$

と近似できる．ただし，$\doteqdot$ は右辺で左辺を近似しているという意味である．したがって

$$u_{xx} + u_{yy} \doteqdot \frac{1}{(\Delta h)^2}(u_{m+1,n} - 2u_{m,n} + u_{m-1,n} + u_{m,n+1} - 2u_{m,n} + u_{m,n-1})$$

と近似でき，ラプラスの方程式の差分近似式

$$u_{m+1,n}+u_{m-1,n}+u_{m,n+1}+u_{m,n-1}-4u_{m,n}=0$$

を得る．この式は

$$u_{m,n}=\frac{1}{4}(u_{m+1,n}+u_{m-1,n}+u_{m,n+1}+u_{m,n-1}) \tag{5.80}$$

と変形でき，図5-15のように，$u_{m,n}$の値が，まわりの4つの点の平均で与えられることを意味している．これから，<u>$u_{m,n}$は定数でなければ境界上でしか極値をとらない</u>，したがって特に最大値，最小値は境界上にしかないということがわかる．これは，もし，境界上にない点(x_m, x_n)で$u_{m,n}$が最大値を取ったとすると，$u_{m,n}$はまわりの4点の平均であるから，この4点の値は$u_{m,n}$でなければならず，$u_{m,n}$が定数でない関数の極値となることに矛盾する．境界上でしか最大値，最小値をとらないということを**最大値原理**と呼ぶ．

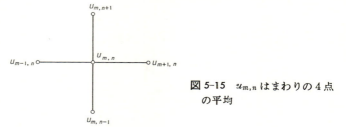

図5-15　$u_{m,n}$はまわりの4点の平均

以上では，ラプラスの方程式の差分近似式では，$u_{m,n}$の値がまわりの4点の値の平均となることを示し，これからラプラスの方程式の差分近似式に成り立つ最大値原理を証明した．このような性質は，証明は略すが，もとのラプラスの方程式にも成り立つ．これを**ラプラスの方程式の最大値原理**という．

非有界領域でのディリクレ問題　半平面領域$D=\{-\infty<x<\infty,\ 0\leqq y<\infty\}$におけるラプラスの方程式のディリクレ型境界値問題

$$u_{xx}+u_{yy}=0,\quad u(x,0)=f(x) \tag{5.81}$$

を考えよう．

さて，式(5.81)において，例えば$f(x)=1$としたとき，この方程式は

$$1+(ax+b)y \quad (a,b は定数)$$

5-4 ラプラスの方程式 ―― 157

を解にもつから，一般に無限個の解をもつことがわかる．しかし，これらの解のうち，$a=b=0$ 以外の解は無限遠 $|x|\to\infty$ あるいは $y\to\infty$ で発散する解である．そこで，$|x|\to\infty$ や $y\to\infty$ で有界であるという条件を満たす解を求めることを考えよう．このとき，解は一意に定まることが知られている．

$|x|\to\infty$ のとき $u, u_x \to 0$ となると仮定して，u を x についてフーリエ変換し

$$U(s, y) = \int_{-\infty}^{\infty} u(x, y)e^{-isx}dx \qquad (5.82)$$

と置く．この式の逆変換

$$u(x, y) = \frac{1}{2\pi}\int_{-\infty}^{\infty} U(s, y)e^{isx}ds$$

をラプラスの方程式(5.81)に代入すると

$$U_{yy} - s^2 U = 0$$

を得る．この方程式の一般解は

$$U = a(s)e^{sy} + b(s)e^{-sy}$$

であるが，$y\to\infty$ で U が発散しないためには，$s>0$ のとき $a(s)=0$，$s<0$ のとき $b(s)=0$ となる．したがって，$U(s, y)$ は

$$U(s, y) = U(s)e^{-|s|y}$$

と書ける．ここで，$y=0$ とおけば，式(5.81)，(5.82)により $U(s, 0)$ は $f(x)$ のフーリエ変換，すなわち $U(s, 0)=\mathcal{F}[f(x)](s)=F(s)$ であることがわかる．したがって

$$U(s, y) = F(s)e^{-|s|y}$$

となる．これを式(5.82)の逆変換で $u(x, y)$ に戻せば，このラプラスの方程式の境界値問題の解として

$$u(x, y) = \mathcal{F}^{-1}[U(s, y)] = \frac{1}{2\pi}\int_{-\infty}^{\infty} \{F(s)e^{-|s|y}\}e^{isx}ds$$

$$= \frac{1}{2\pi}\int_{-\infty}^{\infty}\left\{\int_{-\infty}^{\infty} f(t)e^{-ist}dt\right\}e^{isx-|s|y}ds$$

$$= \frac{1}{2\pi}\int_{-\infty}^{\infty} f(t)dt\int_{-\infty}^{\infty} e^{is(x-t)-|s|y}ds = \frac{y}{\pi}\int_{-\infty}^{\infty} \frac{f(t)dt}{(x-t)^2+y^2}$$

を得る．

158 —— **5** 偏微分方程式

|||||||||||||||||||||||||||||||||||||||||||||||||||||||| **問 題 5-4** ||||||||||||||||||||||||||||||||||||||||||||||||||||||

1. ラプラスの方程式

$$u_{xx}+u_{yy} = 0$$

を領域 $D = \{0 \leqq x \leqq \pi,\ 0 \leqq y \leqq \pi\}$ で考える. 境界上で

$$u(0, y) = u(\pi, y) = 0, \quad u(x, 0) = (\pi - x)x, \quad u(x, \pi) = 0$$

を満たす解を求めよ.

2. ラプラスの方程式

$$u_{xx}+u_{yy} = 0$$

を有界な領域 D で考える. 領域 D の境界 S で u の値が

$$u(Q) = f(Q) \qquad (Q \in S)$$

を満たす解は一意的に定まることを次の手順で示せ.

(1) 解が 2 つあったとして, これを $v(x, y)$ と $w(x, y)$ とする. $u(x, y) = v(x, y)$ $-w(x, y)$ は $f=0$ のときの解となることを示せ.

(2) 最大値原理を使って $f=0$ のときの解は $u=0$ に限られることを示せ. これ から, $v=w$ が出る.

|||||||||||||||||||||||||||||||||||||||||||||||||||||||||||||||||||||||||||||||||||||||||||||||||||||||||||||||||||||||||||||||||||||||||||

5-5 多次元の問題

空間変数を多次元にしたときの線形偏微分方程式の境界値問題の例として, 四角い太鼓の膜の振動を考えよう.

四角い太鼓の膜の振動は

$$u_{xx}+u_{yy}-u_{tt} = 0 \qquad (0 \leqq x \leqq a,\ 0 \leqq y \leqq b)$$
$$u(0, y, t) = u(a, y, t) = u(x, 0, t) = u(x, b, t) = 0 \tag{5.83}$$

で表わされる. これを 2 次元の波動方程式という. この方程式の初期値

$$u(x, y, 0) = f(x, y), \quad u_t(x, y, 0) = g(x, y) \tag{5.84}$$

を満たす解を, フーリエの方法により求めてみよう.

まず, 初期値は無視して, 変数分離法により境界条件を満たす特解を求めて みよう.

$$u(x, y, t) = v(x, y)T(t) \tag{5.85}$$

とおいて 2 次元波動方程式に代入すると

$$v_{xx} + v_{yy} + kv = 0 \tag{5.86}$$

$$T'' + kT = 0 \tag{5.87}$$

境界条件は

$$v(0, y) = v(a, y) = v(x, 0) = v(x, b) = 0$$

となる．式 (5.86) の形の方程式は**ヘルムホルツ** (H. von Helmholtz, 1821–94) **の方程式**と呼ばれる．ヘルムホルツの方程式の特解を求めるために，さらに変数分離 $v(x, y) = X(x)Y(y)$ を行なう．するとヘルムホルツの方程式は分離定数を h として

$$X'' + hX = 0, \qquad X(0) = X(a) = 0$$

$$Y'' + jY = 0, \qquad Y(0) = Y(b) = 0$$

と変数分離される．$j = k - h$ である．この 2 つの式は 1 次元の弦の振動の方程式と同じであるから，その解は

$$h_m = \frac{m^2 \pi^2}{a^2}, \qquad X_m(x) = a_m \sin \frac{m\pi x}{a} \qquad (m = 1, 2, \cdots)$$

$$j_n = \frac{n^2 \pi^2}{b^2}, \qquad Y_n(y) = b_n \sin \frac{n\pi y}{b} \qquad (n = 1, 2, \cdots)$$

と求められる．すなわち，ヘルムホルツの方程式 (5.86) の固有値は

$$k_{mn} = h_m + j_n = \pi^2 \left(\frac{m^2}{a^2} + \frac{n^2}{b^2} \right)$$

であり，その固有関数は

$$v_{mn} = d_{mn} \sin \frac{m\pi x}{a} \sin \frac{n\pi y}{b} \qquad (m, n = 1, 2, \cdots)$$

となる．固有値 k_{mn} に対する式 (5.87) の一般解は $\omega_{mn} = \sqrt{k_{mn}}$ として

$$T_{mn}(t) = a_{mn} \cos \omega_{mn} t + b_{mn} \sin \omega_{mn} t$$

と求められる．これから，2 次元波動方程式の境界値問題 (5.83) の特解として

$$u_{mn} = \sin \frac{m\pi x}{a} \sin \frac{n\pi y}{b} (a_{mn} \cos \omega_{mn} t + b_{mn} \sin \omega_{mn} t)$$

160 —— **5** 偏微分方程式

を得る．これから初期値(5.84)を満たす解をつくるために

$$u(x, y, t) = \sum_{m, n=1}^{\infty} \sin\frac{m\pi x}{a} \sin\frac{n\pi y}{b} (a_{mn}\cos\omega_{mn}t + b_{mn}\sin\omega_{mn}t)$$

(5.88)

と重ね合わせた解を考える．式(5.84)にこの式を代入すると

$$f(x, y) = \sum_{m, n=1}^{\infty} a_{mn} \sin\frac{m\pi x}{a} \sin\frac{n\pi y}{b}$$

(5.89)

$$g(x, y) = \sum_{m, n=1}^{\infty} \omega_{mn} b_{mn} \sin\frac{m\pi x}{a} \sin\frac{n\pi y}{b}$$

(5.90)

となる．ここで，式(5.89)を書き直すと

$$f(x, y) = \sum_{m=1}^{\infty} c_m(y) \sin\frac{m\pi x}{a}$$

(5.91)

$$c_m(y) = \sum_{n=1}^{\infty} a_{mn} \sin\frac{n\pi y}{b}$$

(5.92)

となる．式(5.91)は，y を固定して考えれば1次元のフーリエ正弦級数の形をしている．したがって，式(5.89)は2つのフーリエ正弦級数を組み合わせたものと考えることができ，**2重フーリエ正弦級数**と呼ばれる．式(5.90)も同様である．

　y を固定して考えると，式(5.91)から

$$c_m(y) = \frac{2}{a}\int_0^a f(x, y) \sin\frac{m\pi x}{a} dx$$

(5.93)

を得る．また，c_m を y の関数と考えると，式(5.92)から

$$a_{mn} = \frac{2}{b}\int_0^b c_m(y) \sin\frac{n\pi y}{b} dy$$

(5.94)

と求められる．式(5.94)に式(5.93)を代入して

$$a_{mn} = \frac{4}{ab}\int_0^a \int_0^b f(x, y) \sin\frac{m\pi x}{a} \sin\frac{n\pi y}{b} dxdy$$

(5.95)

を得る．同様に，

$$b_{mn} = \frac{4}{ab\omega_{mn}}\int_0^a \int_0^b g(x, y) \sin\frac{m\pi x}{a} \sin\frac{n\pi y}{b} dxdy$$

(5.96)

と求められる．式(5.88), (5.95), (5.96)が与えられた膜の振動を表わす解であ

る.

固有モード　さて，太鼓の固有モードについて，もうすこし調べてみよう．簡単のために，$a=b$ とする．このとき，$m \neq n$ とすると，1つの固有値 $k_{mn}=\pi^2(m^2+n^2)/a^2$ には2つの線形独立な固有関数

$$\sin\frac{m\pi x}{a}\sin\frac{n\pi y}{a}, \quad \sin\frac{n\pi x}{a}\sin\frac{m\pi y}{a}$$

が存在することがわかる．これは弦の振動と異なる点である．また，基本モードは u_{11} と考えられる．これは振動数 $f_{11}=\omega_{11}/2\pi=\sqrt{2}/2a$ の振動である．一方，高調波モードは振動数 $f_{mn}=\omega_{mn}/2\pi=\sqrt{m^2+n^2}/2a$ の振動であり，基本モードの整数倍になっていない．これが，太鼓の音が弦の音色よりも音楽的響きが少ない理由である．

||||||||||||||||||||||||||||||||||||||||||||||||| **問　題 5-5** |||||||||||||||||||||||||||||||||||||||||||||||||

1. 縦 a，横 b の矩形の金属板を考える．金属板の両面は断熱されており，四方は温度0に保たれているとする．この板の初期温度分布がわかっているとき，それはどのように変化するか．次の2次元の熱伝導方程式の混合問題を解いて調べよ．

$$u_t - u_{xx} - u_{yy} = 0 \quad (0 \leq x \leq a,\ 0 \leq y \leq b)$$
$$u(0,y,t) = u(a,y,t) = u(x,0,t) = u(x,b,t) = 0$$
$$u(x,y,0) = f(x,y)$$

$$\boxed{第\ 5\ 章\ 演\ 習\ 問\ 題}$$

[1]　弦の強制振動を調べよう．弦の点 x に $f(x,t)$ という力が加えられると，弦は

$$u_{xx} - u_{tt} = f(x,t)$$

という非斉次の波動方程式で振動する．この方程式を

$$u(0,t) = u(L,t) = 0$$

162 ── **5** 偏微分方程式

という境界条件と
$$u(x,0) = u_t(x,0) = 0$$
という初期条件の下で解くことにより，弦の強制振動を調べる．

(1) 関数 $f(x,t)$ を
$$f(x,t) = \sum_{n=1}^{\infty} F_n(t) \sin\frac{n\pi x}{L}, \quad F_n(t) = \frac{2}{L}\int_0^L f(x,t)\sin\frac{n\pi x}{L}dx$$
とフーリエ正弦級数に展開し，
$$u(x,t) = \sum_{n=1}^{\infty} T_n(t)\sin\frac{n\pi x}{L}$$
の形で解を求めよう．$T_n(t)$ の満たすべき方程式を求めよ．

(2) $f(x,t) = \sin\omega t$ のときの解を求めよ．このとき，ω と弦の固有振動の角周波数が一致すると共鳴現象が起きる．これを解析せよ．

(3) (1)で求めた解と斉次波動方程式の解を重ね合わせることにより，$u(x,0) = \phi(x)$，$u_t(x,0) = \psi(x)$ を満たす非斉次波動方程式の解を求めよ．

[2] 次の図のように，微小区間がモデル化される伝送線路の方程式は，回路の電流を I，電圧を E とするとき
$$LI_t + E_x + RI = 0, \quad CE_t + I_x + GE = 0$$
を満たすことを示せ．この式から電流，電圧は
$$2(IE)_x + (LI^2 + CE^2)_t \leqq 0$$
を満たすことを示せ．これから，有限の長さの伝送線路内のエネルギー
$$\mathcal{E}(t) = \int_0^a (LI^2(x,t) + CE^2(x,t))dx$$
が $t \geqq 0$ に対して，$\mathcal{E}(t) \leqq \mathcal{E}(0)$ を満たすことを示せ．ただし，点 0 と a において $IE = 0$ とする．

また以上の結果から，境界条件 $I(0,t) = f(t)$，$E(0,t) = g(t)$，$I(a,t) = \tilde{f}(t)$，$E(a,t) = \tilde{g}(t)$

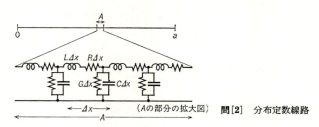

問[2] 分布定数線路

と，初期条件 $I(x,0)=\phi(x)$, $E(x,0)=\psi(x)$ を満たす解が一意的となることを示せ．

また，$RC=LG$ のとき $e^{Rt/L}E$ および $e^{Rt/L}I$ は，ともに波動方程式 $u_{xx}-LCu_{tt}=0$ を満たすことを示せ．これから，$-\infty<x<\infty$ で，$I(x,0)=\phi(x)$, $E(x,0)=\psi(x)$ を満たす解を求めよ．

[3] 熱伝導方程式

$$u_t-\kappa u_{xx}=0, \qquad u(x,0)=f(x)$$

を境界条件

$$u_x(0,t)=u_x(L,t)=0$$

の下で解け（この境界条件は，金属棒の 0 と L のところから熱が逃げていかない，すなわち，断熱されているということを意味する）．

また，$t\to\infty$ でこの解がどう振る舞うかを明らかにし，物理的な説明を加えよ．

[4] 立方体における熱の定常分布を調べるために，3次元のラプラスの方程式

$$u_{xx}+u_{yy}+u_{zz}=0 \qquad (0\leqq x\leqq a,\ 0\leqq y\leqq b,\ 0\leqq z\leqq c)$$

を境界条件

$$u(0,y,z)=u(a,y,z)=u(x,0,z)=u(x,b,z)=u(x,y,c)=0$$
$$u(x,y,0)=f(x,y)$$

の下で解け．

[5] 偏微分方程式

$$u_t+u_{xxx}=0 \qquad (-\infty<x<\infty)$$

の初期値問題

$$u(x,0)=f(x), \qquad u(x,t)\to 0 \qquad (|x|\to\infty)$$

を，次のようにして解こう．

(1) $$u(x,t)=\frac{1}{2\pi}\int_{-\infty}^{\infty}U(t,k)e^{ikx}dk$$

と置き，$u(x,t)$ のフーリエ変換 $U(t,k)$ の従う t に関する常微分方程式を導け．

(2) (1)の結果から，初期値問題の解が

$$u(x,t)=\frac{1}{2\pi}\int_{-\infty}^{\infty}F(k)e^{i(kx+k^3t)}dk$$

で与えられることを示せ．ただし，$F(k)$ は関数 $f(x)$ のフーリエ変換とする．

(3) 各波数の波 $e^{i(kx+k^3t)}$ の速度（位相が 0 となる点の移動する速さ）を求めよ．これは k によって異なる．このためどのような現象が起きるかを論ぜよ．

Coffee Break

非線形のフーリエ変換

　線形の定数係数の偏微分方程式がフーリエの方法で解けるのは，解の重ね合わせができるからである．したがって，非線形の偏微分方程式には，そのままではフーリエの方法を適用できないのであるが，非常に巧みにフーリエの方法を非線形に拡張できることが最近わかった．これがソリトンと呼ばれる非線形波動に関する理論である．この理論では，フーリエ変換を特別な場合として含む非線形のフーリエ変換が定義できる(例えば，逆散乱法や広田の双線形化法)．非線形のフーリエの方法で解けるソリトン方程式の数は，物理的に面白いものだけでも 100 は越える．その中に，非線形バネの方程式である戸田格子方程式がある．(この名称は，本コースの編者戸田盛和先生にちなんでつけられた．)

　非線形の現象は物理や工学ではたいへん重要となるのであるが，それを解析するための理論や新しい概念が最近多数つくられている．ソリトンのほか，カオス，フラクタル，セルラオートマタ，ニューラルネットワーク，ホモトピー法などである．ここではいちいち説明しないが，線形を勉強したら，非線形もなるべく早い段階で勉強されることを奨めたい．

ラプラス変換

前章では，線形定数係数偏微分方程式の解析にフーリエ級数やフーリエ変換がきわめて有用なことを示した．本章では，線形定数係数常微分方程式の初期値問題にフーリエ変換の定義を若干変形したラプラス変換が有用となることを示す．歴史的には，簡単な代数演算のみで線形常微分方程式の初期値問題が解けることを初めて示したのはヘビサイドであったが，その数学的根拠は明らかではなかった．このヘビサイドの方法のなぞ解きの役割をラプラス変換は果たした．

6-1 ラプラス変換

$t=0$ で電気回路のスイッチを入れることなど，現象が生じる原因が特定の時間に起こり，その原因による結果を観察することは，理工学においてしばしば見られる．本章では

$$f(x) = 0 \qquad (x<0) \tag{6.1}$$

という条件のつく関数に対し，フーリエ変換を修正することにより，適用範囲の広い変換であるラプラス(Laplace)変換が定義できることを示し，その応用として，線形の定数係数常微分方程式の解法について考えていくことにする．

ラプラス変換　ラプラス変換のアイディアは，$a>0$ のとき $x \to \infty$ で非常に速く 0 に収束する e^{-ax} という因子を，式(6.1)を満たす関数 $f(x)$ にかけたもののフーリエ変換

$$\int_{-\infty}^{\infty} f(x)e^{-ax}e^{-ibx}dx = \int_{0}^{\infty} f(x)e^{-sx}dx \tag{6.2}$$

を考える点にある．ただし

$$s = a+ib \tag{6.3}$$

である．a が正であれば，条件(6.1)の下で $f(x)e^{-ax}$ のフーリエ変換は，広い範囲の関数に対して収束する．例えば，$x \to \infty$ のとき $f(x)$ が多項式 $a_n x^n + a_{n-1}x^{n-1} + \cdots + a_0$ のような形で発散していても，e^{-ax} をかけたもののフーリエ変換は収束するのである．式(6.2)の右辺を

$$L(s) = \mathcal{L}[f](s) = \int_{0}^{\infty} f(x)e^{-sx}dx \tag{6.4}$$

と表わし，関数 f の**ラプラス変換**という．s は複素数である．

ラプラス逆変換　式(6.4)のフーリエ逆変換をとると

$$f(x)e^{-ax} = \frac{1}{2\pi} \int_{-\infty}^{\infty} L(s)e^{ibx}db$$

となるから，両辺を e^{-ax} で割って

6-1 ラプラス変換 —— 167

$$f(x) = \frac{1}{2\pi} \int_{-\infty}^{\infty} L(s)e^{ax+ibx}db$$

を得る. $s=a+ib$ であるから, 積分定数を b から s に変換すると, $ds/db=i$ であり, 積分範囲は $a-i\infty$ から $a+i\infty$ となるので

$$f(x) = \frac{1}{2\pi i} \int_{a-i\infty}^{a+i\infty} L(s)e^{sx}ds \qquad (6.5)$$

となる. 式(6.5)を**ラプラス逆変換**といい,

$$\mathcal{L}^{-1}[L](x) = \frac{1}{2\pi i} \int_{a-i\infty}^{a+i\infty} L(s)e^{sx}ds \qquad (6.6)$$

とも書くことにする.

ラプラス変換の収束　いま, ラプラス変換が, $s_0=a_0+ib_0$ で求められたとすると, $s=a+ib\,(a\geqq a_0)$ なる s においては

$$|e^{-sx}| = e^{-ax}$$
$$\leqq e^{-a_0x} = |e^{-s_0x}|$$

となるので, その s においてもラプラス変換は収束する. したがって, 与えられた $f(x)$ に対し, $\mathrm{Re}[s]<a$ ならラプラス変換が発散し, $\mathrm{Re}[s]\geqq a$ ならラプラス変換が収束するような実数 a がただ 1 つ定まる. この a のことを**ラプラス変換の収束座標**という. もちろん, $a=-\infty$ となるときも, $a=\infty$ となることもある. 前者の場合はすべての s についてラプラス変換が収束する場合で, 後者はすべての s でラプラス変換が発散する場合である.

反転公式　いま, 関数 $f(x)$ のラプラス変換を $L(s)$ とし, $L(s)$ の収束座標を a とする. このとき, フーリエ変換の反転公式により, σ を a より大きい任意の実数とするとき, $f(x)$ が任意の有限区間で区分的に滑らかであれば

$$\frac{1}{2}\{f(x+0)+f(x-0)\} = \frac{1}{2\pi i} \int_{\sigma-i\infty}^{\sigma+i\infty} L(s)e^{sx}ds \qquad (6.7)$$

が成り立つ. これを**ラプラス変換の反転公式**という.

ラプラス変換による線形定数係数常微分方程式の解析　19 世紀末, イギリスの電気工学者ヘビサイド(O. Heaviside, 1850–1925)は

168 ——— **6** ラプラス変換

$$a_N \frac{d^N f(x)}{dx^N} + a_{N-1} \frac{d^{N-1} f(x)}{dx^{N-1}} + \cdots + a_0 = 0 \tag{6.8}$$

と書ける**線形の定数係数常微分方程式**を，代数的計算のみで極めて巧妙に解く方法を発見した．この方法は**ヘビサイドの演算子法**と呼ばれているが，ヘビサイド自身はその数学的正当性を証明できなかった．結果は正しいし，とにかくうまくいくので，正しい技法とは考えられていたが，なぜうまくいくのかということは，しばらく謎であった．歴史的にいえば，ラプラス変換によってヘビサイドの演算子法の謎が明らかにされ，その正当性が証明されたのである．

ここではラプラス変換による線形定数係数常微分方程式の解法を説明しよう．

ラプラス変換の性質 基本は，次の公式である．

(a) $\mathcal{L}[f+g](s) = \mathcal{L}[f](s) + \mathcal{L}[g](s)$

(b) $\mathcal{L}[af](s) = a\mathcal{L}[f](s)$ （a は定数） $\tag{6.9}$

(c) $\mathcal{L}[f'](s) = s\mathcal{L}[f](s) - f(0)$

(a)と(b)は，ラプラス変換の線形性を示しており，これが成立するのは，**定義**から明らかである．(c)は部分積分

$$\mathcal{L}[f'](s) = \int_0^\infty f'(x)e^{-sx}dx$$

$$= [f(x)e^{-sx}]_0^\infty + s\int_0^\infty f(x)e^{-sx}dx$$

$$= -f(0) + s\mathcal{L}[f](s) \tag{6.10}$$

により証明される．公式(c)を繰り返し用いることにより，

(d) $\mathcal{L}[f^{(n)}](s) = s^n \mathcal{L}[f](s) - s^{n-1}f(0) - s^{n-2}f'(0) - \cdots - f^{(n-1)}(0)$

$$\tag{6.11}$$

を得る．例えば，

$$\mathcal{L}[f''](s) = s\mathcal{L}[f'](s) - f'(0)$$

$$= s(s\mathcal{L}[f](s) - f(0)) - f'(0) \tag{6.12}$$

積分演算に対しては次の公式がある．

(e) $\mathcal{L}\left[\int_0^x f(x)dx\right](s) = \dfrac{1}{s}\mathcal{L}[f](s)$ $\tag{6.13}$

実際，$F(x) = \int_0^x f(x)dx$ とおけば，$F'(x) = f(x)$，$F(0) = 0$ であるから，(c) で $f(x)$ を $F(x)$ でおきかえると

$$\mathcal{L}[f(x)](s) = s\mathcal{L}\left[\int_0^x f(x)dx\right]$$

となるからである．さらに，合成積（たたみこみ）

$$f*g = \int_0^x f(x-y)g(y)dy \tag{6.14}$$

に対して次の公式が成立する．

(f)　　$\mathcal{L}[f*g](s) = \mathcal{L}[f](s) \cdot \mathcal{L}[g](s)$　　　　　　　　　　(6.15)

すなわち，合成積はラプラス変換によって積に変わるのである．これは，線形システム解析の基礎となる極めて重要な関係式である．

なお，(6.14) は (3.25) の合成積の定義とみかけ上ちがうが，同一のものである．ラプラス変換では (6.1) により $x < 0$ に対して $f(x) = 0$，$g(x) = 0$ としているから，(6.14) で y の積分の範囲が $0 \sim x$ になっているのである．

公式 (f) を証明しよう．この式は

$$\mathcal{L}[f*g](s) = \int_0^\infty \left(\int_0^x f(x-y)g(y)dy\right) e^{-sx} dx$$

$$= \int_0^\infty \left(\int_0^x f(x-y)g(y)e^{-sx} dy\right) dx \tag{6.16}$$

ここで，式 (6.16) の右辺は積分の順序を交換すると，図 6-1 により

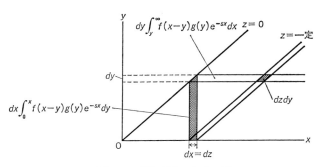

図 6-1　変数変換のための図

170 ───── **6** ラプラス変換

$$= \int_0^\infty \left(\int_y^\infty f(x-y)g(y)e^{-sx}dx \right)dy$$

となる．変数 x を $z=x-y$ と変数変換すると $x=z+y$ となり，上式の右辺は

$$= \int_0^\infty \int_0^\infty f(z)g(y)e^{-s(z+y)}dzdy$$

$$= \int_0^\infty f(z)e^{-sz}dz \int_0^\infty g(y)e^{-sy}dy$$

$$= \mathscr{L}[f](s) \cdot \mathscr{L}[g](s)$$

となって，公式(f)が証明された．

初等関数のラプラス変換　ここで，例として初等関数のラプラス変換を求めておこう．この結果は線形常微分方程式を解くのに有用となる．

[**例1**]　(1) e^{kx} のラプラス変換

$$\mathscr{L}[e^{kx}](s) = \int_0^\infty e^{kx}e^{-sx}dx$$

$$= \int_0^\infty e^{(k-s)x}dx = \left[\frac{e^{(k-s)x}}{k-s} \right]_0^\infty = \frac{1}{s-k}$$

ただし，ラプラス変換が収束するためには，$\mathrm{Re}[k] < \mathrm{Re}[s]$ が必要である．

(2) $\cos kx$ のラプラス変換

$$\mathscr{L}[\cos kx](s) = \mathscr{L}\left[\frac{e^{ikx}+e^{-ikx}}{2} \right](s)$$

$$= \frac{1}{2}(\mathscr{L}[e^{ikx}](s) + \mathscr{L}[e^{-ikx}](s))$$

$$= \frac{1}{2}\left(\frac{1}{s-ik} + \frac{1}{s+ik} \right)$$

$$= \frac{s}{s^2+k^2} \qquad (\mathrm{Re}[s] > 0)$$

(3) $\sin kx$ のラプラス変換．(2)と同様にして

$$\mathscr{L}[\sin kx](s) = \frac{k}{s^2+k^2} \qquad (\mathrm{Re}[s] > 0)$$

(4) ヘビサイドの単位階段関数

$$u(x) = \begin{cases} 1 & (x \geqq 0) \\ 0 & (x < 0) \end{cases}$$

のラプラス変換

$$\mathcal{L}[u(x)](s) = \int_0^\infty e^{-sx}dx = \left[-\frac{e^{-sx}}{s}\right]_0^\infty = \frac{1}{s} \qquad (\mathrm{Re}[s]>0)$$

(5) ディラックのデルタ関数のラプラス変換

$$\mathcal{L}[\delta(x)](s) = \int_0^\infty \delta(x)e^{-sx}dx = 1$$

━━━━━━━━━━━━━━━━━━━━━━ **問　題 6-1** ━━━━━━━━━━━━━━━━━━━━━━

1. 次の関数のラプラス変換を求めよ.

(1)　$f(x) = 1$　　(2)　$f(x) = x$　　(3)　$f(x) = \cosh kx$

(4)　$\sinh kx$　　(5)　$e^{-ax}\cos kx$　　(6)　$e^{-ax}\sin kx$

2. 次のラプラス変換の性質

$$\mathcal{L}[x^n f(x)] = \left(-\frac{d}{ds}\right)^n \mathcal{L}[f(x)]$$

を示し，関数 $f(x) = x^n e^{ax}$ のラプラス変換を求めよ.

━━

6-2　ラプラス逆変換の計算

ラプラス逆変換を計算する方法として，よく用いられる2つの方法がある.
1つは部分分数に展開する方法で，もう1つは留数の定理にもとづく方法である.

(1) **部分分数展開法**　まず，簡単な例によって部分分数展開法について説明しよう. s の関数

$$L(s) = \frac{2s+3}{s^2-3s+2}$$

のラプラス逆変換を求めたいとしよう. 部分分数展開法ではまず，この関数の分母を因数分解して

172 —— **6** ラプラス変換

$$L(s) = \frac{2s+3}{(s-2)(s-1)} \tag{6.17}$$

とし，さらに，これを

$$L(s) = \frac{a}{s-2} + \frac{b}{s-1} \tag{6.18}$$

のように展開する．これを**部分分数展開**という．式(6.18)から

$$(s-2)L(s)\Big|_{s=2} = a, \qquad (s-1)L(s)\Big|_{s=1} = b$$

である．一方，式(6.17)より

$$(s-2)L(s)\Big|_{s=2} = \frac{2s+3}{s-1}\Big|_{s=2} = 7$$

$$(s-1)L(s)\Big|_{s=1} = \frac{2s+3}{s-2}\Big|_{s=1} = -5$$

と計算されるので，$a=7$，$b=-5$ を得る．したがって

$$L(s) = \frac{7}{s-2} + \frac{-5}{s-1}$$

となる．ここで，巻末の数学公式を見ると，$1/(s-a)$ は e^{ax} のラプラス変換であることが分かるから，$L(s)$ のラプラス逆変換 $f(x)$ は

$$f(x) = 7e^{2x} - 5e^x$$

と求められる．

　重根があるときには少し工夫がいる．例として

$$L(s) = \frac{s^2+3s+1}{(s-2)^2(s-1)}$$

としよう．このときには

$$L(s) = \frac{a}{(s-2)^2} + \frac{b}{s-2} + \frac{c}{s-1}$$

と部分分数に展開することにして，係数 a, b, c を定めると

$$L(s) = \frac{11}{(s-2)^2} - \frac{4}{s-2} + \frac{5}{s-1}$$

となることがわかる．巻末の数学公式から $\mathcal{L}^{-1}[1/(s-a)^2]=xe^{ax}$ であるから，$L(s)$ のラプラス逆変換 $f(x)$ は

$$f(x) = 11xe^{2x} - 4e^{2x} + 5e^x$$

と求められる.

　最後に,

$$L(s) = \frac{s+1}{(s^2+1)(s-1)}$$

のように, 実数の範囲で因数分解できない因子を分母が含んでいる場合を考えよう. この場合には分母は複素数を用いて, $(s+i)(s-i)(s-1)$ のように因数分解できるので

$$L(s) = \frac{a}{s+i} + \frac{b}{s-i} + \frac{c}{s-1}$$

と部分分数に展開する. 定数 a, b, c を定めると

$$L(s) = -\frac{1}{2(s+i)} - \frac{1}{2(s-i)} + \frac{1}{s-1}$$

となる. これから, $L(s)$ のラプラス逆変換 $f(x)$ は

$$f(x) = -\frac{1}{2}(e^{ix} + e^{-ix}) + e^x = -\cos x + e^x$$

となる.

　以上, 簡単な例を用いてラプラス逆変換を行なうための部分分数展開法を説明してきたが, $L(s)$ が

$$L(s) = \frac{b_m s^m + b_{m-1} s^{m-1} + \cdots + b_1 s + b_0}{a_n s^n + a_{n-1} s^{n-1} + \cdots + a_1 s + a_0} \tag{6.19}$$

と書けるときは, この方法によって $L(s)$ のラプラス逆変換を求めることができる. ただし, $a_n \neq 0$ で $n > m$ とする. 実際, 分母の多項式を複素数の範囲で因数分解して部分分数に展開し, 以上の例で計算した方法を参考に巻末の数学公式を利用して逆変換を行なえばよいのである.

　[注意] $a_k (1 \leqq k \leqq n)$, $b_k (1 \leqq k \leqq m)$ がすべて実数のときは特に応用上重要であるが, このとき分母の多項式は実根か複素共役な2つの根をもつ. ▌

　(2) **留数の定理による方法**　フーリエ逆変換を行なうのと同様に, 留数の定理を利用してラプラス逆変換を求めることができる. いま, $L(s)$ を式(6.19)の

ような関数としよう．σ_0 を $L(s)$ の収束座標とすると，$L(s)$ のラプラス逆変換 $f(x)$ は，$\mathrm{Re}[\sigma] > \sigma_0$ に対し

$$f(x) = \frac{1}{2\pi i} \int_{\sigma-i\infty}^{\sigma+i\infty} L(s) e^{sx} ds$$

で与えられるのであった．ここで，$x \geqq 0$ であるから，図 6-2 のような積分路 C (これをブロムウィッチ (Bromwich) 積分路という) を考えると，ジョルダンの補助定理 (81 ページ) の変形により積分路 C_2 に沿う積分は 0 となり，

$$\int_{\sigma-i\infty}^{\sigma+i\infty} L(s) e^{sx} ds = \int_C L(s) e^{sx} ds$$

となる．したがって，留数の定理により，$s_1, s_2, \cdots, s_n$ を s 平面の $\mathrm{Re}[s] < \mathrm{Re}[\sigma]$ の範囲内の $L(s)$ の極 ($L(s)$ の分母が 0 となるところ) とし，$\mathrm{Res}(f(s), s_m)$ を極 s_m における関数 $L(s)$ の留数 (3-4 節参照) とすると

$$f(x) = \sum_{m=1}^{n} \mathrm{Res}\,(L(s) e^{sx}, s_m)$$

と求められる．

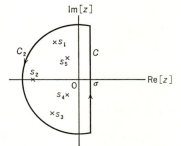

図 6-2 ラプラス逆変換のための積分路．全周を C，これから虚軸に沿った直線部分を除いたものを C_2 とする．

例題 6.1 関数 $L(s) = 1/(s-a)$ のラプラス逆変換を求めよ．

[解] この関数の極は $s = a$ にあり，収束座標は $\mathrm{Re}[a]$ である．$L(s)$ の逆変換を $f(x)$ とすると，留数の定理により

$$f(x) = \frac{1}{2\pi i} \int_C \frac{e^{sx}}{s-a} ds = e^{ax}$$

となる．

6-3 ラプラス変換による常微分方程式の解法 ——— 175

||||||||||||||||||||||||||||||||||||||||||||||||||||||||||| 問 題 6-2 |||||||||||||||||||||||||||||||||||||||||||||||||||||||||

1. 次の関数のラプラス逆変換を，部分分数展開法と留数の定理を用いる方法の
両方を用いて求めよ．

(1) $L(s) = \dfrac{1}{(s+2)(s+3)}$ (2) $L(s) = \dfrac{3s}{(s+2)(s+1)^2}$

||||||||||||||||||||||||||||||||||||||||||||||||||||||||||||||||||||||||||||||||||||||||||||||||||||||||||||||||||||||

6-3 ラプラス変換による常微分方程式の解法

いよいよ準備が整ったので，ラプラス変換を用いて，線形定数係数常微分方
程式を，代数的計算によって解いてみよう．例として

$$f'' + 2f' + f = 3\sin x \qquad (6.20)$$

を考えよう．ただし，

$$f'(0) = f(0) = 0 \qquad (6.21)$$

とする．これは，抵抗のあるバネに周期的な外力 $3\sin x$ が加わった系を記述
している．ただし，$3\sin x$ は $x<0$ で 0 ではないが，じつは $3\sin x\, u(x)$ という
関数を考えていると考えるのである．式 (6.20) の両辺のラプラス変換をとり，

$$L(s) = \mathcal{L}[f](s)$$

とおくと，(6.12)，(6.10) で $f'(0)=f(0)=0$ とおいた式を用いて

$$s^2 L(s) + 2s L(s) + L(s) = (s^2+2s+1)L(s) = \frac{3}{s^2+1}$$

となる．したがって

$$L(s) = \frac{3}{(s+1)^2(s^2+1)}$$

となる．$L(s)$ をラプラス逆変換すれば，$f(x)$ が求められる．ここでは，部分分
数展開法によりラプラス逆変換を求めよう．そのために

$$L(s) = \frac{A}{(s+1)^2} + \frac{B}{s+1} + \frac{C}{s+i} + \frac{D}{s-i}$$

と置く．定数 $A \sim D$ を定めると

176 ——— **6** ラプラス変換

$$L(s) = \frac{3}{2}\frac{1}{(s+1)^2} + \frac{3}{2}\frac{1}{s+1} - \frac{3}{2}\frac{s}{s^2+1}$$

となり，巻末の数学公式より，このラプラス逆変換として

$$f(x) = \mathcal{L}^{-1}[L](x) = \frac{3}{2}xe^{-x} + \frac{3}{2}e^{-x} - \frac{3}{2}\cos x$$

を得る．右辺の第1項と第2項は $x\to\infty$ のとき0に収束する過渡項で，第3項は外力に同期する定常項である．

$$f'(0) \neq 0, \qquad f(0) \neq 0 \tag{6.22}$$

のときは，(6.12)，(6.10)を用いて(6.20)から

$$\{s(sL(s)-f(0))-f'(0)\} + 2\{sL(s)-f(0)\} + L(s) = \frac{3}{s^2+1}$$

したがって

$$\begin{aligned}
L(s) &= \frac{1}{(s+1)^2}\left\{\frac{3}{s^2+1} + sf(0) + f'(0) + 2f(0)\right\} \\
&= \left\{\frac{3}{2}+f'(0)+f(0)\right\}\frac{1}{(s+1)^2} + \left\{\frac{3}{2}+f(0)\right\}\frac{1}{s+1} - \frac{3}{2}\frac{s}{s^2+1}
\end{aligned}$$

これから，解として

$$f(x) = \left\{\frac{3}{2}+f'(0)+f(0)\right\}xe^{-x} + \left\{\frac{3}{2}+f(0)\right\}e^{-x} - \frac{3}{2}\cos x$$

を得る．

–––––––––––––––––––––––––––––––––– **問　題 6-3** ––––––––––––––––––––––––––––––––––

1. 次の方程式を解け．

(1) $\dfrac{d^2x}{dt^2} + 3\dfrac{dx}{dt} + 2x = e^{-3t}$

$x(0) = 0, \qquad x'(0) = 0$

(2) $\dfrac{dx}{dt} + 5x + 4\displaystyle\int_0^t x(t)dt = 2\sin t$

$x(0) = 1$

第 6 章 演 習 問 題

[1] 関数 $f(t)$ を,$t \geqq 0$ に対して定義された,周期 T の周期関数とする.
$$\tilde{f}(t) = \begin{cases} f(t) & (0 \leqq t < T) \\ 0 & (\text{その他の } t) \end{cases}$$
とおき,$\tilde{f}(t)$ のラプラス変換を $\tilde{L}(s)$ とする.このとき $f(t)$ のラプラス変換 $L(s)$ は
$$L(s) = \frac{\tilde{L}(s)}{1 - e^{-Ts}}$$
で与えられることを示せ.

[2] 問 1 の結果を利用して,次の関数のラプラス変換を求めよ.

(1) $f(t) = \begin{cases} 1 & (0 \leqq t < L) \\ 0 & (L \leqq t < 2L) \end{cases}$, $f(t + 2L) = f(t)$

(2) $f(t) = t \quad (0 \leqq t < T), \quad f(t + T) = f(t)$

(3) $f(t) = \sin t \quad (0 \leqq t < \pi), \quad f(t + \pi) = f(t)$

[3] 関数 $x(t)$ は $t \to \infty$ に対して $|x(t)| \to 0$ となるとき安定であるという.$x(t)$ のラプラス変換が $L(s) = P(s)/Q(s)$ という形で表わされるとしよう.ただし,$P(s)$ と $Q(s)$ は s の実数係数の多項式とする.このとき,$Q(s)$ の零点がすべて複素 s 平面の左半平面 $\mathrm{Re}[s] < 0$ にあれば,$x(t)$ は安定であることを,ラプラス逆変換の留数の定理による計算法を用いて示せ.

Coffee Break

電気屋さんは発明家

　微分方程式を代数的操作のみで解く**演算子法**を発明したヘビサイドは，マックスウェルの電磁気理論を整理したことで有名なイギリスの電気工学者である．この**演算子法**はたいへん有用であるが，その正当性が長く証明されなかったことでも有名である．また，一方，第2章に登場したデルタ関数を“発明”したディラックは物理学者であるが，電気科を卒業している．ディラックのデルタ関数も役に立つが，その正当性は後から示されたものである．このように，電気屋（電気に関係する学者を親しみをこめてこう呼んでいる）は，役には立つけれども，その正当性を本人は証明できない，そういう数学的な道具を発明するのが得意なようである．これは，人の役に立つものをつくろうとする電気屋が数学に関わると，習慣で電気製品ならぬ数学製品も発明してしまうことによるのではないかと，著者は思っている．最近では，本コースの編者広田良吾先生がソリトン方程式を双線形化して解く「広田の方法」を“発明”された．先生は物理出身であるが，この方法を考えられたのは先生が電気系の会社の研究所におられるときであるから，やはり電気屋さんの発明といってもよいのではないだろうか．

　さて，ディラックのデルタ関数を非常に深い方法で数学的に正当化したのは，京都大学におられる佐藤幹夫先生であるが，佐藤先生はさらに広田の方法の背後にある数学をも明らかにされた．ちなみに，佐藤先生は物理を出て数学に移られたという．

さらに勉強するために

　本書ではフーリエ級数，フーリエ変換とその応用について丁寧に説明した．理工系学部学生に必要な基礎的なフーリエ解析の説明はほとんど含まれていると思っていただいてよい．ただし，フーリエ級数とフーリエ変換の収束性については，証明を省略した．しかし，フーリエ級数の収束性について直観的に理解することは応用上も重要となるので，さらに勉強を進めるときのために，すこし展望を与えておこう．

　フーリエ級数の収束性　第2章2-4節でディラックのデルタ関数を通常の関数の極限として表わしたが，この極限による表わし方は一通りには限らない．これに関連させて，フーリエ級数の収束性について直観的理解をはかろう．

　ディリクレ積分核　周期 2π の周期関数 $f(x)$ のフーリエ級数は

$$f(x) = \frac{a_0}{2} + \sum_{n=1}^{\infty} (a_n \cos nx + b_n \sin nx)$$

で与えられる．以下，この級数の各点 $-\pi \leqq x < \pi$ における収束性を調べよう．そのためにこの級数の第 $N+1$ 項までの和

$$f_N(x) = \frac{a_0}{2} + \sum_{n=1}^{N} (a_n \cos nx + b_n \sin nx)$$

を考える（$f_N(x)$ は $f(x)$ の第 $N+1$ 部分和と呼ばれる）．上式に，フーリエ係数

180 ——— さらに勉強するために

a_n, b_n の定義式 (1.4) を代入すると

$$f_N(x) = \frac{1}{\pi}\int_{-\pi}^{\pi} f(y)\Big\{\frac{1}{2}+\sum_{n=1}^{N}(\cos nx\cos ny+\sin nx\sin ny)\Big\}dy$$

となる．三角関数の加法定理より，これは

$$f_N(x) = \frac{1}{\pi}\int_{-\pi}^{\pi} f(y)\Big\{\frac{1}{2}+\sum_{n=1}^{N}\cos n(y-x)\Big\}dy$$

となる．ここで

$$D_N(x) = \frac{1}{2}+\sum_{n=1}^{N}\cos nx \tag{A.1}$$

と置く．関数 $D_N(x)/\pi$ をディリクレ積分核という．積分核というのは，積分するときの重み関数という意味である．このディリクレ積分核を用いれば，部分和は

$$f_N(x) = \frac{1}{\pi}\int_{-\pi}^{\pi} f(y)D_N(y-x)dy \tag{A.2}$$

と書ける．

ディリクレ積分核がディラックのデルタ関数となることの直観的証明　以下直観的に，ディリクレ積分核の極限が周期的なデルタ関数 $\delta_{2\pi}(x)$ となることをみてみよう．まず，ディリクレ積分核 $D_N(x)/\pi$ が

$$\frac{1}{\pi}\int_{-\pi}^{\pi} D_N(x)dx = 1 \tag{A.3}$$

を満たすことを示そう．これは関数 $D_N(x)$ の定義式 (A.1) から次のように示される．

$$\int_{-\pi}^{\pi} D_N(x)dx = \int_{-\pi}^{\pi}\Big(\frac{1}{2}+\sum_{n=1}^{N}\cos nx\Big)dx = \pi \tag{A.4}$$

つぎに，ディリクレ積分核をすこし変形してみよう．三角関数の積を和になおす公式

$$\sin\frac{x}{2}\cos nx = \frac{1}{2}\Big\{\sin\Big(n+\frac{1}{2}\Big)x-\sin\Big(n-\frac{1}{2}\Big)x\Big\}$$

を用いると

$$\sin\frac{x}{2}D_N(x) = \frac{1}{2}\Big\{\sin\frac{x}{2}+\Big(\sin\frac{3}{2}x-\sin\frac{x}{2}\Big)+\Big(\sin\frac{5}{2}x-\sin\frac{3}{2}x\Big)$$

$$+ \cdots + \left[\sin\left(N+\frac{1}{2}\right)x - \sin\left(N-\frac{1}{2}\right)x \right] \bigg\}$$
$$= \frac{1}{2}\sin\left(N+\frac{1}{2}\right)x \tag{A.5}$$

となるから,

$$D_N(x) = \frac{\sin\left(N+\frac{1}{2}\right)x}{2\sin\frac{x}{2}} \tag{A.6}$$

と表わすことができる.

さて，以上の結果をもとに，ディリクレ積分核がどのような関数であるかを観察(observation)してみよう．図 A-1 に，$N=5$，$N=10$ のときのディリクレ積分核を示した．この図を観察すると，次のことがわかる．

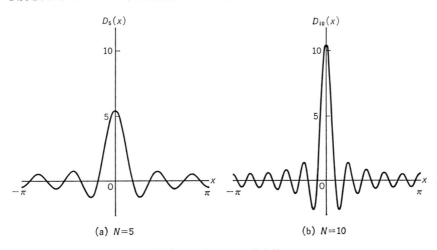

図 A-1　ディリクレ積分核

(o 1)　$N \to \infty$ のとき，$D_N(0)/\pi$ は N/π に比例して無限大となる．

(o 2)　$N \to \infty$ のとき，$D_N(x)/\pi$ の $x=0$ を中心とする山の幅は，π/N に比例して狭くなる．

(o 3)　$D_N(x)$ は，$x=0$ を中心とする山の部分と，その他の振幅の低い正負

の値をとる振動部分とに分けることができる．

(o 4)　$D_N(x)$ は周期 2π の周期関数である．

そこで，式(A.3)と合わせて，以上の観察からどのようなことがいえるかを考えてみよう．(o 1), (o 2)は第2章2-4節の $p(x, m)$ という関数と同じ性質である．(o 3)は関数 $p(x, m)$ のもつ性質と異なっている．これはどう考えればよいのであろうか．これについては次のような予想が成り立つ．関数 $D_N(x)/\pi$ の振動部分とゆっくり変化する関数 $f(x)$ との積は隣り合う山と谷で符号が逆転する(図A-2(b))．そのため，その積分値は打ち消し合いにより，$N\to\infty$ のとき 0 となるのではないかと予想される(図A-2参照)．したがって，以上の議論と(o 4)から，$D_N(x)/\pi$ の $N\to\infty$ の極限は周期的なデルタ関数 $\delta_{2\pi}(x)$ になることが推定される．

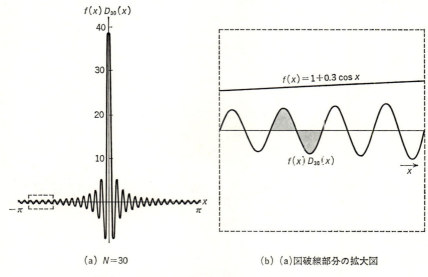

(a) $N=30$ 　　　　　　　　(b) (a)図破線部分の拡大図

図 A-2　$f(x)D_{30}(x)$ のグラフ ($f(x)=1+0.3\cos x$)

リーマン・ルベーグの定理　以上では，直観的に，ディリクレ核 $D_N(x)/\pi$ が $N\to\infty$ の極限で周期的なデルタ関数 $\delta_{2\pi}(x)$ になることが推定されることを述べた．このような考え方に沿って実際にディリクレ核 $D_N(x)/\pi$ が $N\to\infty$ の極

限で周期的なデルタ関数 $\delta_{2\pi}(x)$ になることを示せるが，詳細は省略しよう．こ
こでは，以上で述べた打ち消し合いに関する議論を正確に論じるための道具だ
けを示しておく．すなわち，関数 $f(x)$ が滑らかである（1 階微分可能で導関数
が連続）とすると，図 A-2 に示したような打ち消し合いのために，k を無限に
大きくした極限で

$$\int_a^b f(x) \sin kx dx = 0 \qquad (k \to \infty) \tag{A.7}$$

となることを示そう．これはリーマン・ルベーグ（Riemann-Lebesgue）の定理
と呼ばれる．

そのため，式(A.7)の左辺を部分積分すると，$k \neq 0$ のとき，

$$\int_a^b f(x) \sin kx dx = -\left[\frac{f(x) \cos kx}{k} \right]_a^b + \frac{1}{k} \int_a^b f'(x) \cos kx dx$$

となる．$f(x)$ は $a \leq x \leq b$ で滑らかであるから，$a \leq x \leq b$ において $|f(x)| < M$
となる，x によらない定数 M が存在する．すなわち $f(x)$ は有界であり，上式
の右辺第 1 項は $k \to \infty$ のとき 0 となる．また，$f(x)$ が滑らかなため，$f'(x)$ は
連続であるから

$$\int_a^b f'(x) \cos kx dx = 有限$$

となり，したがって，これを $1/k$ 倍した第 2 項も $k \to \infty$ のとき 0 となり，式
(A.7)が示されたことになる．(A.7)を用いれば，打ち消し合いの議論を精確
に論じることができ，フーリエ級数の収束性が証明できる．しかし，その証明
は，ここでは省略しよう．

さらに勉強を進めるために　このような証明は，例えば，

[1]　洲之内源一郎：『フーリエ解析とその応用』，サイエンス社(1977)
によって知ることができる．

以上でフーリエ級数の収束する様子を理解するための見通しがついたと思わ
れる．そこで，以下では本書より進んだ学習をするための本を紹介しよう．

[2]　武田二郎：『工業数学の基礎』(上，下)，槙書店(1965, 1968)
の特に下巻は，一般化フーリエ級数展開に関する本書第 4 章の議論をさらに詳

184 ——— さらに勉強するために

しく勉強するのに優れている．内容は積分方程式論が基礎となるがたいへん易しく書かれていて，しかも面白い本である．

　　[3]　堀内和夫：『応用解析』，コロナ社(1988)

は応用解析一般について香り高く書かれた本であり，フーリエ解析の基礎となる積分方程式論についても詳しい．

　　第4章で述べたように，フーリエ解析は無限次元のベクトル空間の理論につながる．これは関数解析学と呼ばれる分野に属する．超関数の理論も含め関数解析の入門には

　　[4]　洲之内治男：『関数解析入門』，サイエンス社(1975)

が易しい．また，岩波講座「現代物理学の基礎(第2版)」の第4巻『量子力学II』は量子力学で使われる関数解析やフーリエ解析への極めてよい入門書となっている．超関数のフーリエ変換については

　　[5]　シュワルツ(吉田耕作・渡辺二郎訳)：『物理数学の方法』，岩波書店
　　　　　(1966)

が入門書であるが，あまり読み易くはない．

　　[6]　飯野理一・堤正義：『偏微分方程式入門』，サイエンス社(1975)

は第5章の延長としてちょうどよいレベルである．一般化フーリエ級数による展開で必要となる特殊関数の知識を得るには

　　[7]　戸田盛和：『特殊関数』，朝倉書店(1981)

　　[8]　犬井鉄郎：『特殊関数』，岩波書店(1962)

　　[9]　寺沢寛一：『自然科学者のための数学概論』，岩波書店(1954)

　　[10]　ホックシュタット(岡崎誠・大槻義彦訳)：『特殊関数』，培風館(1974)

がある．

　　ラプラス変換については[3]が詳しい．ヘビサイドの演算子法とミクシンスキーの演算子法は[2]の上巻に易しい説明がある．

　　物理への応用に関しては

　　[11]　小出昭一郎：『物理現象のフーリエ解析』，東京大学出版会(1981)

が詳しい．確率や信号理論への応用としては

さらに強勉するために ―――― 185

[12]　ダベンポート・ルート（瀧保夫・宮川洋訳）：『不規則信号と雑音の理論』，好学社（1968）

が面白い．

　物理と工学の応用に詳しく，易しい演習書としては

[13]　スウ（佐藤平八訳）：『フーリエ解析』，森北出版（1979）

がある．

[14]　森口繁一・宇田川銈久・一松信：『岩波 数学公式』(I, II, III), 岩波書店（1960）

はフーリエ解析に関連する公式も含め，各種の公式がまとめてある．

数学公式

1.　フーリエ級数（右辺は関数の1周期を示す．不連続点では等号は成立しない）

1) $\dfrac{4}{\pi}\displaystyle\sum_{n=1}^{\infty}\dfrac{\sin(2n-1)x}{2n-1} = \begin{cases} 1 & (0<x<\pi) \\ -1 & (-\pi<x<0) \end{cases}$

2) $2\displaystyle\sum_{n=1}^{\infty}(-1)^{n-1}\dfrac{\sin nx}{n} = x \quad (-\pi<x<\pi)$

3) $\displaystyle\sum_{n=1}^{\infty}\dfrac{\sin nx}{n} = \dfrac{\pi-x}{2} \quad (0<x<2\pi)$

4) $\displaystyle\sum_{n=1}^{\infty}\dfrac{\cos nx}{n} = -\log\left(2\sin\dfrac{x}{2}\right) \quad (0<x<2\pi)$

5) $\dfrac{\pi}{2} - \dfrac{4}{\pi}\displaystyle\sum_{n=1}^{\infty}\dfrac{\cos(2n-1)x}{(2n-1)^2} = |x| \quad (-\pi\leqq x\leqq\pi)$

6) $\dfrac{\pi^2}{3} - 4\displaystyle\sum_{n=1}^{\infty}(-1)^{n-1}\dfrac{\cos nx}{n^2} = x^2 \quad (-\pi\leqq x\leqq\pi)$

7) $\dfrac{\pi^2}{6} - \displaystyle\sum_{n=1}^{\infty}\dfrac{\cos 2nx}{n^2} = x(\pi-x) \quad (0\leqq x\leqq\pi)$

8) $12\displaystyle\sum_{n=1}^{\infty}(-1)^{n-1}\dfrac{\sin nx}{n^3} = x(\pi-x)(\pi+x) \quad (-\pi\leqq x\leqq\pi)$

9) $\dfrac{8}{\pi}\displaystyle\sum_{n=1}^{\infty}\dfrac{\sin(2n-1)x}{(2n-1)^3} = \begin{cases} x(\pi-x) & (0\leqq x\leqq\pi) \\ x(\pi+x) & (-\pi\leqq x\leqq 0) \end{cases}$

10) $12\displaystyle\sum_{n=1}^{\infty}\dfrac{\sin nx}{n^3} = x(x-\pi)(x-2\pi) \quad (0\leqq x\leqq 2\pi)$

188 ——— 数 学 公 式

11) $\dfrac{2}{\pi} - \dfrac{4}{\pi} \sum\limits_{n=1}^{\infty} \dfrac{\cos 2nx}{(2n-1)(2n+1)} = |\sin x| \quad (-\pi \leqq x \leqq \pi)$

12) $\dfrac{8}{\pi} \sum\limits_{n=1}^{\infty} \dfrac{n \sin 2nx}{(2n-1)(2n+1)} = \begin{cases} \cos x & (0 < x < \pi) \\ -\cos x & (-\pi < x < 0) \end{cases}$

13) $\dfrac{2 \sin a\pi}{\pi} \sum\limits_{n=1}^{\infty} (-1)^{n-1} \dfrac{n \sin nx}{n^2 - a^2} = \sin ax \quad (-\pi < x < \pi,\ a \neq 整数)$

14) $\dfrac{2 \sin a\pi}{\pi} \left(\dfrac{1}{2a} + \sum\limits_{n=1}^{\infty} (-1)^{n-1} \dfrac{a \cos nx}{n^2 - a^2} \right) = \cos ax \quad (-\pi \leqq x \leqq \pi,\ a \neq 0)$

15) $\sum\limits_{n=1}^{\infty} \dfrac{a^n \sin nx}{n} = \tan^{-1} \left(\dfrac{a \sin x}{1 - a \cos x} \right) \quad (-\pi \leqq x \leqq \pi,\ |a| < 1)$

16) $\sum\limits_{n=1}^{\infty} \dfrac{a^n \cos nx}{n} = -\dfrac{1}{2} \log(1 - 2a \cos x + a^2) \quad (-\pi \leqq x \leqq \pi,\ |a| < 1)$

2. フーリエ変換（$F(\omega)$ を $f(x)$ のフーリエ変換とする）

$$\left(F(\omega) = \int_{-\infty}^{\infty} f(x) e^{-i\omega x} dx,\ \ f(x) = \dfrac{1}{2\pi} \int_{-\infty}^{\infty} F(\omega) e^{i\omega x} d\omega,\ \ u(x) = \begin{cases} 1 & (x \geqq 0) \\ 0 & (x < 0) \end{cases} \right)$$

1) $f(x) = \begin{cases} 1 & (|x| \leqq a) \\ 0 & (|x| > a) \end{cases},\quad F(\omega) = \dfrac{2 \sin a\omega}{\omega}$

2) $f(x) = e^{-ax} u(x),\quad F(\omega) = \dfrac{1}{i\omega + a}$

3) $f(x) = e^{-a|x|},\quad F(\omega) = \dfrac{2a}{\omega^2 + a^2}$

4) $f(x) = e^{-ax^2},\quad F(\omega) = \sqrt{\dfrac{\pi}{a}}\, e^{-\omega^2/4a}$

5) $f(x) = x e^{-ax} u(x),\quad F(\omega) = \dfrac{1}{(i\omega + a)^2}$

6) $f(x) = \dfrac{x^{n-1}}{(n-1)!} e^{-ax} u(x),\quad F(\omega) = \dfrac{1}{(i\omega + a)^n}$

7) $f(x) = (e^{-ax} \sin bx)\, u(x),\quad F(\omega) = \dfrac{b}{(i\omega + a)^2 + b^2}$

8) $f(x) = (e^{-ax} \cos bx)\, u(x),\quad F(\omega) = \dfrac{i\omega + a}{(i\omega + a)^2 + b^2}$

9) $f(x) = \dfrac{1}{x^2 + a^2},\quad F(\omega) = \dfrac{\pi}{a} e^{-a|\omega|}$

10) $f(x) = \operatorname{sech} ax,\quad F(\omega) = \dfrac{\pi}{a} \operatorname{sech} \dfrac{\pi\omega}{2a}$

11) $f(x) = \delta(x),\quad F(\omega) = 1$

数 学 公 式 ——— 189

12) $f(x) = 1, \quad F(\omega) = 2\pi\delta(\omega)$

13) $f(x) = x, \quad F(\omega) = 2\pi i \delta'(\omega)$

14) $f(x) = x^n, \quad F(\omega) = 2\pi i^n \delta^{(n)}(\omega)$

15) $f(x) = e^{i\omega_0 x}, \quad F(\omega) = 2\pi\delta(\omega - \omega_0)$

16) $f(x) = \cos\omega_0 x, \quad F(\omega) = \pi\{\delta(\omega - \omega_0) + \delta(\omega + \omega_0)\}$

17) $f(x) = \sin\omega_0 x, \quad F(\omega) = -i\pi\{\delta(\omega - \omega_0) - \delta(\omega + \omega_0)\}$

18) $f(x) = u(x), \quad F(\omega) = \lim\limits_{a \to 0+} \dfrac{1}{i\omega + a}$

19) $f(x) = \delta_T(x) = \sum\limits_{n=-\infty}^{\infty} \delta(x - nT), \quad F(\omega) = \dfrac{2\pi}{T} \sum\limits_{n=-\infty}^{\infty} \delta\left(\omega - \dfrac{2n\pi}{T}\right)$

20) $f(x) = (\cos\omega_0 x)u(x), \quad F(\omega) = \dfrac{\pi}{2}\{\delta(\omega - \omega_0) + \delta(\omega + \omega_0)\} + \dfrac{i\omega}{\omega_0^2 - \omega^2}$

21) $f(x) = (\sin\omega_0 x)u(x), \quad F(\omega) = \dfrac{\pi}{2i}\{\delta(\omega - \omega_0) - \delta(\omega + \omega_0)\} + \dfrac{\omega_0}{\omega_0^2 - \omega^2}$

22) $f(x) \Leftrightarrow F(\omega)$

23) $F(x) \Leftrightarrow 2\pi f(-\omega)$

24) $af(x) + bg(x) \Leftrightarrow aF(\omega) + bG(\omega)$

25) $f(ax) \Leftrightarrow \dfrac{1}{|a|} F\left(\dfrac{\omega}{a}\right)$

26) $f(x - x_0) \Leftrightarrow F(\omega)e^{-i\omega x_0}$

27) $f(x)g(x) \Leftrightarrow \dfrac{1}{2\pi} F(\omega) * G(\omega)$

28) $f(x) * g(x) \Leftrightarrow F(\omega)G(\omega)$

29) $f^{(n)}(x) \Leftrightarrow (i\omega)^n F(\omega)$

30) $(-ix)^n f(x) \Leftrightarrow F^{(n)}(\omega)$

3. ラプラス変換 ($L(s)$ を $f(t)$ のラプラス変換とする)

$$\left(L(s) = \int_0^\infty f(t)e^{-st}dt, \quad f(t) = \frac{1}{2\pi i}\int_{\sigma - i\infty}^{\sigma + i\infty} L(s)e^{st}ds\right)$$

1) $f(t) = \delta(t), \quad L(s) = 1$

2) $f(t) = 1, \quad L(s) = \dfrac{1}{s}$

3) $f(t) = t^n, \quad L(s) = \dfrac{n!}{s^{n+1}}$

4) $f(t) = e^{-at}$, $\quad L(s) = \dfrac{1}{s+a}$

5) $f(t) = t^n e^{-at}$, $\quad L(s) = \dfrac{n!}{(s+a)^{n+1}}$

6) $f(t) = \sin at$, $\quad L(s) = \dfrac{a}{s^2+a^2}$

7) $f(t) = \cos at$, $\quad L(s) = \dfrac{s}{s^2+a^2}$

8) $f(t) = e^{-at}\sin bt$, $\quad L(s) = \dfrac{b}{(s+a)^2+b^2}$

9) $f(t) = e^{-at}\cos bt$, $\quad L(s) = \dfrac{s+a}{(s+a)^2+b^2}$

10) $f(t) = \delta'(t)$, $\quad L(s) = s$

11) $f'(t) \Leftrightarrow sL(s) - f(0)$

12) $f^{(n)}(t) \Leftrightarrow s^n L(s) - s^{n-1} f(0) - s^{n-2} f'(0) - \cdots - f^{(n-1)}(0)$

13) $\displaystyle\int_0^t f(t')dt' \Leftrightarrow \dfrac{1}{s}L(s)$

14) $t^n f(t) \Leftrightarrow (-1)^n L^{(n)}(s)$

15) $\displaystyle\int_0^t f_1(t')f_2(t-t')dt' \Leftrightarrow L_1(s)L_2(s)$

問題略解

縦書き（右側）: 問題略解

第 1 章

問題 1-1

1. (1) $\sin x \cos y = \{\sin(x+y) + \sin(x-y)\}/2.$

(2) $\cos x \cos y = \{\cos(x+y) + \cos(x-y)\}/2.$

2. (1) 例題 1.1 の結果を利用する. $x=y$ とおくと, $\sin^2 x = (1-\cos 2x)/2.$

(2) 問 1 (2) で $x=y$ とおくと, $\cos^2 x = (\cos 2x + \cos 0)/2 = (1+\cos 2x)/2.$

(3) $\cos^3 x = \cos^2 x \cos x = \{(1+\cos 2x)\cos x\}/2 = (\cos x)/2 + (\cos 3x + \cos x)/4 = (3\cos x + \cos 3x)/4.$

3. (1) $2\pi.$　　(2) $\sin x \cos 2x = (\sin 3x - \sin x)/2.$ 関数 $\sin 3x$ と $\sin x$ の基本周期はそれぞれ $2\pi/3$ と 2π. したがって $\sin x \cos 2x$ の基本周期は 2π.

問題 1-2

1. (1) $\sin x \cos x = \{\sin(x+x) + \sin(x-x)\}/2 = (\sin 2x)/2.$

(2) $\sin x \sin 3x = \{\cos(x-3x) - \cos(x+3x)\}/2 = (\cos 2x - \cos 4x)/2.$

(3) $\cos x \cos 3x = \{\cos(x+3x) + \cos(x-3x)\}/2 = (\cos 2x + \cos 4x)/2.$

問題 1-3

1. (1) x^2 は偶関数であるから, (コツ 1)によって $b_n=0.$ また,

192 ───── 問 題 略 解

$$a_0 = \frac{2}{\pi} \int_0^\pi x^2 dx = \frac{2}{\pi} \left[\frac{1}{3} x^3 \right]_0^\pi = \frac{2}{3} \pi^2$$

$$a_n = \frac{2}{\pi} \int_0^\pi x^2 \cos nx dx = \frac{2}{\pi} \left(\left[x^2 \frac{\sin nx}{n} \right]_0^\pi - \int_0^\pi 2x \frac{\sin nx}{n} dx \right)$$

$$= -\frac{4}{\pi} \int_0^\pi \frac{x \sin nx}{n} dx \qquad (n \geq 1)$$

となる．ここで，1.3 節例 2 の (3) の結果より，この右辺は $4(-1)^n/n^2$．したがって，

$$f(x) = \frac{\pi^2}{3} - 4 \left(\cos x - \frac{\cos 2x}{2^2} + \frac{\cos 3x}{3^2} - \cdots \right)$$

(2) $|\sin x|$ は偶関数であるから，（コツ 1）によって $b_n = 0$．一方，$0 \leq x \leq \pi$ で $\sin x$ ≥ 0 より

$$a_0 = \frac{2}{\pi} \int_0^\pi |\sin x| dx = \frac{2}{\pi} \int_0^\pi \sin x dx = \frac{4}{\pi}$$

$$a_n = \frac{2}{\pi} \int_0^\pi |\sin x| \cos nx dx = \frac{2}{\pi} \int_0^\pi \sin x \cos nx \, dx$$

$$= \frac{1}{\pi} \int_0^\pi \{ \sin(1+n)x + \sin(1-n)x \} dx$$

$$= \begin{cases} 0 & (n: 奇数) \\ -4/\pi(n^2-1) & (n: 偶数) \end{cases} \qquad (n \geq 1)$$

したがって

$$f(x) = \frac{2}{\pi} - \frac{4}{\pi} \left(\frac{1}{3} \cos 2x + \frac{1}{15} \cos 4x + \frac{1}{35} \cos 6x - \cdots \right)$$

(3) x^3 は奇関数なので，（コツ 2）によって $a_n = 0$．また，

$$b_n = \frac{2}{\pi} \int_0^\pi x^3 \sin nx dx = \frac{2}{\pi} \left(\left[-x^3 \frac{\cos nx}{n} \right]_0^\pi + \int_0^\pi 3x^2 \frac{\cos nx}{n} dx \right)$$

となる．本問 (1) の結果より，右辺は

$$-\frac{2}{\pi} \frac{\pi^3 \cos n\pi}{n} + \frac{3 \cdot 4}{n^3} (-1)^n = (-1)^{n+1} \left(\frac{2\pi^2}{n} - \frac{12}{n^3} \right)$$

となる．したがって

$$f(x) = (2\pi^2 - 12) \sin x - \left(\pi^2 - \frac{3}{2} \right) \sin 2x + \left(\frac{2}{3} \pi^2 - \frac{4}{9} \right) \sin 3x - \cdots$$

$$= \sum_{n=1}^\infty (-1)^{n+1} \left(\frac{2\pi^2}{n} - \frac{12}{n^3} \right) \sin nx$$

2. 問題の関数は，1-3 節例 2 の (2)，(3) の関数をたして 2 で割ったものである（$f(x)$ $= (x + |x|)/2$）．したがって，x と $|x|$ のフーリエ級数展開をたして 2 で割って

$$f(x) = \frac{\pi}{4} - \frac{2}{\pi}\cos x + \sin x - \frac{\sin 2x}{2} - \frac{2}{\pi}\frac{\cos 3x}{3^2} + \frac{\sin 3x}{3} - \cdots$$

問題 1-4

1. (1) （余弦展開） $f(x)$ を偶関数として拡張すると左図のようになる．これは，1-3 節例 2 の (1) の関数を $\pi/2$ だけ左に移動した関数である．したがって，余弦展開は

$$f(x) = \frac{1}{2} + \frac{2}{\pi}\left(\sin\left(x+\frac{\pi}{2}\right) + \frac{1}{3}\sin 3\left(x+\frac{\pi}{2}\right) + \frac{1}{5}\sin 5\left(x+\frac{\pi}{2}\right) + \cdots\right)$$
$$= \frac{1}{2} + \frac{2}{\pi}\left(\cos x - \frac{1}{3}\cos 3x + \frac{1}{5}\cos 5x - \cdots\right)$$

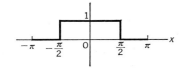
余弦展開

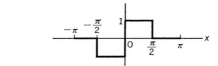
正弦展開

（正弦展開） $f(x)$ を奇関数として拡張すると右図のようになる．定義から b_n は，

$$b_n = \frac{2}{\pi}\int_0^{\pi/2}\sin nx\,dx = \frac{-2}{\pi}\left[\frac{\cos nx}{n}\right]_0^{\pi/2} = \frac{2}{n\pi}\left(1-\cos\frac{n\pi}{2}\right)$$

したがって，正弦展開は

$$f(x) = \frac{2}{\pi}\left(\sin x + \sin 2x + \frac{\sin 3x}{3} + \cdots\right)$$

(2) （余弦展開） $f(x)=x^2\,(-\pi\leqq x\leqq\pi)$ のフーリエ展開と同じとなる．したがって問題 1-3 問 1 の (1) の結果から

$$f(x) = \frac{\pi^2}{3} - 4\left(\cos x - \frac{\cos 2x}{2^2} + \frac{\cos 3x}{3^2} - \cdots\right)$$

（正弦展開） 部分積分により

$$b_n = \frac{2}{\pi}\int_0^\pi x^2\sin nx\,dx = \begin{cases} -2\pi/n & (n:\text{偶数}) \\ 2\pi/n - 8/\pi n^3 & (n:\text{奇数}) \end{cases}$$

したがって，正弦展開は

$$f(x) = \left(2\pi - \frac{8}{\pi}\right)\sin x - \pi\sin 2x + \left(\frac{2\pi}{3} - \frac{8}{27\pi}\right)\sin 3x - \cdots$$

2. $\int_0^\pi \sin mx \sin nx\,dx = \frac{1}{2}\int_{-\pi}^\pi \sin mx \sin nx\,dx$ となる．右辺は，式 (1.7) から $\pi\delta_{mn}/2$ となる．また，後半は，式 (1.14 a) の両辺に $\sin mx$ をかけ 0 から π まで積分す

194 ── 問 題 略 解

れば，和と積分が交換できるとして，$\displaystyle\int_0^\pi f(x)\sin mx\,dx=\sum_{n=1}^\infty b_n\int_0^\pi\sin mx\sin nx\,dx=$ $\displaystyle b_m\int_0^\pi\sin^2 mx\,dx$ となることから.

問題 1–5

1. (1) $f(x)$ は奇関数であるから $a_n=0\ (n=0,1,2,\cdots)$. 一方，$n\geqq 0$ に対し，部分積分により

$$b_n=\frac{2}{2}\int_0^2 x\sin\frac{n\pi x}{2}\,dx=\frac{4(-1)^{n+1}}{n\pi}$$

したがって

$$f(x)=\frac{4}{\pi}\sin\frac{\pi x}{2}-\frac{2}{\pi}\sin\pi x+\frac{4}{3\pi}\sin\frac{3\pi x}{2}-\cdots$$

(別解) $g(y)=y\ (-\pi\leqq y<\pi)$ のフーリエ展開を利用してもよい．$f(x)=(2/\pi)g(\pi x/2)$ であるから 1–3 節例 2 の (3) の結果 $g(y)=2\sum_{n=1}^\infty(-1)^{n+1}\dfrac{\sin ny}{n}$ を変形すると，同じ結果を得る．

(2) $f(x)$ は偶関数であるから $b_n=0$. 一方

$$a_0=\frac{2}{4}\int_0^4\cos x\,dx=\frac{1}{2}[\sin x]_0^4=\frac{1}{2}\sin 4$$

$$a_n=\frac{2}{4}\int_0^4\cos x\cos\frac{n\pi x}{4}\,dx=\left(\frac{1}{2}\right)^2\int_0^4\left\{\cos\frac{4+n\pi}{4}x+\cos\frac{4-n\pi}{4}x\right\}dx$$

$$=\frac{8(-1)^{n+1}\sin 4}{n^2\pi^2-16}\qquad(n\geqq 1)$$

したがって

$$f(x)=\sin 4\left(\frac{1}{4}+\frac{8\cos(\pi x/4)}{\pi^2-16}-\frac{8\cos(\pi x/2)}{2^2\pi^2-16}+\cdots\right)$$

2. (余弦展開)

$$a_0=2\int_0^1 e^x\,dx=2[e^x]_0^1=2(e-1)$$

また，$n\geqq 1$ に対し，部分積分により

$$a_n=2\left(\left[e^x\frac{\cos n\pi x}{n^2\pi^2}\right]_0^1-\int_0^1 e^x\frac{\cos n\pi x}{n^2\pi^2}\,dx\right)=\frac{1}{n^2\pi^2}\{2(e(-1)^n-1)-a_n\}$$

これから $a_n=\{2/(1+n^2\pi^2)\}\{e(-1)^n-1\}$. したがって，余弦展開は

$$f(x)=e-1+\sum_{n=1}^\infty\frac{2}{n^2\pi^2+1}\{(-1)^n e-1\}\cos n\pi x$$

(正弦展開) 同様に，部分積分により $b_n=(2/n\pi)(1-e(-1)^n)-(1/n^2\pi^2)b_n$. したがっ

問 題 略 解 ——— 195

て $b_n = \{2n\pi/(n^2\pi^2+1)\}\{1-e(-1)^n\}$. これから，正弦展開は

$$f(x) = \sum_{n=1}^{\infty} \frac{2n\pi}{n^2\pi^2+1}\{1-e(-1)^n\}\sin n\pi x$$

問題 1-6

1. （フーリエ余弦級数の収束）　ディリクレの示した結果からフーリエ余弦級数は，点 0 では $\{f(0-0)+f(0+0)\}/2$ に収束する．$f(x)$ を偶関数として拡張したとき，$f(0-0)$ $=f(0+0)$ となるので，点 0 では $f(0+0)$ に収束する．同じように，点 π では $\{f(\pi-0)$ $+f(\pi+0)\}/2$ に収束する．ここで，$f(\pi-0)=f(\pi+0)$ となるので，点 π ではフーリエ余弦級数は $f(\pi-0)$ に収束する．

（フーリエ正弦級数の収束）　$f(x)$ を奇関数として拡張したとき $f(0-0)=-f(0+0)$，$f(\pi-0)=-f(\pi+0)$ となるので，フーリエ正弦級数は点 0 および点 π でともに 0 に収束することがわかる．

2.　$x=\pi/2$ とおくと，図 1.7 より，この点で $f(x)$ は連続であるから

$$1 = \frac{1}{2} + \frac{2}{\pi}\left(\sin\frac{\pi}{2} + \frac{1}{3}\sin\frac{3\pi}{2} + \frac{1}{5}\sin\frac{5\pi}{2} + \cdots\right)$$

$$= \frac{1}{2} + \frac{2}{\pi}\left(1 - \frac{1}{3} + \frac{1}{5} - \cdots\right) \Rightarrow 1 - \frac{1}{3} + \frac{1}{5} - \cdots = \frac{\pi}{4}$$

問題 1-3 問 1 の (1) から，x^2 $(-\pi \le x < \pi)$ のフーリエ級数展開は，$x^2 = \dfrac{\pi^2}{3} - 4\sum_{n=1}^{\infty}$ $(-1)^{n-1}\dfrac{\cos nx}{n^2}$ $(-\pi \le x < \pi)$．x^2 $(-\pi \le x < \pi)$ を $f(x+2\pi)=f(x)$ によって周期的に拡張した関数は $x=\pi$ で連続となるので，$\pi^2 = \dfrac{\pi^2}{3} + 4\left(\dfrac{1}{1^2} + \dfrac{1}{2^2} + \cdots\right)$．これから，次の公式を得る．

$$1 + \frac{1}{2^2} + \frac{1}{3^2} + \cdots = \frac{\pi^2}{6}$$

第 1 章演習問題

[1]　(1)　2π.　(2)　$\sqrt{2}\pi$.　(3)　$2\pi/a$.

[2]　$f(x)$ は偶関数であるから $b_n=0$．一方，

$$a_0 = \frac{2}{\pi}\int_0^{\pi/2} dx = 1, \qquad a_n = \frac{2}{\pi}\int_0^{\pi/2}\cos nx\, dx = \frac{2}{n\pi}\sin\frac{n\pi}{2} \quad (n \ge 1)$$

したがって，

$$f(x) = \frac{1}{2} + \frac{2}{\pi}\left(\cos x - \frac{1}{3}\cos 3x + \frac{1}{5}\cos 5x - \cdots\right)$$

[3] $a_0 = \dfrac{1}{\pi}\displaystyle\int_{-\pi}^{\pi} e^x dx = \dfrac{2}{\pi}\sinh\pi$. $n \geqq 1$ に対して，部分積分によって，$a_n =$

$\dfrac{1}{\pi}\left[e^x\dfrac{\cos nx}{n^2}\right]_{-\pi}^{\pi} - \dfrac{1}{n^2}a_n$. これから，$a_n = \dfrac{2(-1)^n}{\pi(1+n^2)}\sinh\pi$. 同様に，$b_n =$

$\dfrac{2n(-1)^{n+1}}{\pi(1+n^2)}\sinh\pi$. 以上から，$-\pi < x < \pi$ において

$$f(x) = \frac{\sinh\pi}{\pi}\left\{1 + 2\sum_{n=1}^{\infty}\frac{(-1)^n}{1+n^2}(\cos nx - n\sin nx)\right\}$$

$$f_e(x) = \cosh x = \frac{\sinh\pi}{\pi}\left\{1 + 2\sum_{n=1}^{\infty}\frac{(-1)^n}{1+n^2}\cos nx\right\}$$

$$f_o(x) = \sinh x = \frac{2\sinh\pi}{\pi}\sum_{n=1}^{\infty}\frac{(-1)^{n+1}n}{1+n^2}\sin nx$$

第 2 章

問題 2-1

1. $\sin(x+y) = \sin x\cos y + \cos x\sin y$ を x について微分すると，$\cos(x+y) = \cos x\cdot\cos y - \sin x\sin y$ を得る．$\cos(x-y)$ の公式も同様．

2. $x^3 - \pi^2 x = 12\displaystyle\sum_{n=1}^{\infty}(-1)^n\dfrac{\sin nx}{n^3}$ $(-\pi \leqq x \leqq \pi)$ である．$x^3 - \pi^2 x$ は $-\pi \leqq x \leqq \pi$ で連続で，その導関数 $3x^2 - \pi^2$ も $-\pi \leqq x \leqq \pi$ で連続だから，この式は項別に微分できる．したがって $3x^2 - \pi^2 = 12\displaystyle\sum_{n=1}^{\infty}(-1)^n\dfrac{\cos nx}{n^2}$. これから

$$x^2 = \frac{\pi^2}{3} - 4\sum_{n=1}^{\infty}(-1)^{n-1}\frac{\cos nx}{n^2}$$

3. 上式を項別に積分し，3倍すると，$x^3 = \pi^2 x + 12\displaystyle\sum_{n=1}^{\infty}(-1)^n\dfrac{\sin nx}{n^3} + c$. $x = 0$ とおくと，$c = 0$ がわかる．

問題 2-2

1. $f(x)$ が偶関数のとき

$$c_n{}^* = \frac{1}{2\pi}\int_{-\pi}^{\pi} f^*(x)(e^{-inx})^* dx = \frac{1}{2\pi}\int_{-\pi}^{\pi} f(x)e^{inx}dx$$

ここで，積分変数 x を $-x$ に変換すると，$f(-x) = f(x)$ から

$$= \frac{1}{2\pi} \int_{\pi}^{-\pi} f(-x)e^{-inx}d(-x) = \frac{1}{2\pi} \int_{-\pi}^{\pi} f(x)e^{-inx}dx = c_n$$

を得る. すなわち, $c_n{}^* = c_n$. これは, c_n が実数であることを示している.

$f(x)$ が奇関数のときは, 同様に, $c_n{}^* = -c_n$ が得られる. これは, c_n が純虚数であることを示している.

2. (1) $\cos^3 x = \left(\dfrac{e^{ix}+e^{-ix}}{2}\right)^3 = \dfrac{1}{8}(e^{-3ix}+3e^{-ix}+3e^{ix}+e^{3ix})$

(2) $\sin^4 x = \left(\dfrac{e^{ix}-e^{-ix}}{2i}\right)^4 = \dfrac{1}{16}(e^{-4ix}-4e^{-2ix}+6-4e^{2ix}+e^{4ix})$

3. $a|\cos x|$ の周期は π である. したがって

$$c_n = \frac{1}{\pi}\int_{-\pi/2}^{\pi/2} a(\cos x)e^{-2inx}dx = \frac{a}{2\pi}\int_{-\pi/2}^{\pi/2}(e^{ix}+e^{-ix})e^{-2inx}dx = \frac{2a}{\pi}\frac{(-1)^{n+1}}{4n^2-1}$$

以上から

$$a|\cos x| = \frac{2a}{\pi}\sum_{n=-\infty}^{\infty}\frac{(-1)^{n+1}}{4n^2-1}e^{2inx}$$

問題 2-3

1. $v(t)$ の複素フーリエ係数は, $\omega = 2\pi/T$ として,

$$V_n = \frac{1}{T}\int_{-s}^{s} ae^{-in\omega x}dx = \frac{2as}{T}\frac{\sin n\omega s}{n\omega s} \quad (n \neq 0)$$

$$V_0 = \frac{1}{T}\int_{-s}^{s} adx = \frac{2as}{T} \qquad (n=0)$$

したがって, $v(t) = \dfrac{2as}{T} + \dfrac{2as}{T}\displaystyle\sum_{|n|\geqq 1}\frac{\sin n\omega s}{n\omega s}e^{in\omega t}$. これから,

$$q(t) = \frac{2asC}{T} + \frac{2asC}{T}\sum_{|n|\geqq 1}\frac{(\sin n\omega s)e^{in\omega t}}{n\omega s(1-n^2\omega^2 LC + in\omega RC)}$$

2. 問題 2-2 問 3 の結果を利用する. $x(t) = \displaystyle\sum_{n=-\infty}^{\infty} X_n e^{2in\omega t}$ とおくと微分方程式 $mx'' + rx' + kx = F_n e^{2in\omega t}$ は $-4n^2\omega^2 m X_n + 2rin\omega X_n + kX_n = F_n$ となる. ただし, F_n は $f(t)$ の複素フーリエ係数. これから $X_n = F_n/\{-4n^2\omega^2 m + 2rin\omega + k\}$ となる. $F_n = 2(-1)^{n+1}/\pi(4n^2-1)$ から

$$x(t) = \frac{2}{\pi}\sum_{n=-\infty}^{\infty}\frac{(-1)^{n+1}e^{2in\omega t}}{(4n^2-1)\{-4n^2\omega^2 m + 2rin\omega + k\}}$$

問題 2-4

1. $f(x)$ を $|x|\to\infty$ で 0 となる滑らかな関数とする.

(1) $\int_{-\infty}^{\infty}f(x)x\delta(x)dx = f(0)\times 0 = 0 = \int_{-\infty}^{\infty}f(x)\times 0\,dx$ から.

(2) $\int_{-\infty}^{\infty}f(x)\delta(ax)dx = \int_{-\infty}^{\infty}f\left(\dfrac{x}{a}\right)\delta(x)\dfrac{dx}{|a|} = \dfrac{f(0)}{|a|} = \int_{-\infty}^{\infty}f(x)\dfrac{\delta(x)}{|a|}dx$ から.

2. $f(x)$ の 2 階微分は右図のようになる. したがって

$$f''(x) = 2\left\{\delta_T(x) - \delta_T\left(x - \dfrac{T}{2}\right)\right\}$$

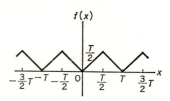

これから,

$$f''(x) = \dfrac{4}{T}\sum_{n=1}^{\infty}\left\{\cos\dfrac{2\pi n}{T}x - \cos\dfrac{2\pi n}{T}\left(x - \dfrac{T}{2}\right)\right\}$$

$$= \dfrac{4}{T}\sum_{n=1}^{\infty}\left(\cos\dfrac{2\pi n}{T}x\right)\{1-(-1)^n\}$$

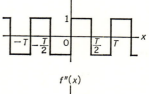

これを 0 から x まで項別に 2 回積分すると

$$f'(x) = \dfrac{4}{T}\sum_{n=1}^{\infty}\dfrac{T}{2\pi n}\sin\dfrac{2\pi n}{T}x\{1-(-1)^n\}$$

$$f(x) = -\dfrac{4}{T}\sum_{n=1}^{\infty}\left(\dfrac{T}{2\pi n}\right)^2\cos\dfrac{2\pi n}{T}x\{1-(-1)^n\} + c$$

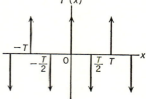

したがって c は $f(x)$ の平均値であるので $c = T/4$ である.

$$f(x) = \dfrac{T}{4} - \dfrac{2T}{\pi^2}\sum_{n=1}^{\infty}\dfrac{1}{(2n-1)^2}\cos\dfrac{2\pi(2n-1)}{T}x$$

問題 2-6

1. $\sum_{n=1}^{\infty}\dfrac{1}{(2n-1)^2} = \dfrac{\pi^2}{8}$

第 2 章演習問題

[1] (1) $c_n(h) = \dfrac{1}{2\pi}\int_{-\pi}^{\pi}h(x)\,e^{-inx}dx = \dfrac{1}{(2\pi)^2}\int_{-\pi}^{\pi}\left\{\int_{-\pi}^{\pi}f(y)g(x-y)dy\right\}e^{-inx}dx = \dfrac{1}{(2\pi)^2}\int_{-\pi}^{\pi}dy f(y)\int_{-\pi}^{\pi}dx g(x-y)\,e^{-inx} = \dfrac{1}{(2\pi)^2}\int_{-\pi}^{\pi}dy f(y)\,e^{-iny}\int_{-\pi}^{\pi}dx g(x)\,e^{-inx} =$

問 題 略 解 ── 199

$c_n(f)c_n(g)$.

(2)　$x(t)$ を複素フーリエ級数に展開すると

$$x(t) = \sum_{k=-\infty}^{\infty} X(k)e^{ikt}, \qquad X(k) = \frac{1}{2\pi}\int_{-\pi}^{\pi} h(x)e^{-ikx}dx$$

となる．与えられた線形システムに $x(t)$ を入力すると，重ね合わせの原理により，システムの出力 $y(t)$ は $y(t)=\sum_{k=-\infty}^{\infty} X(k)H(k)e^{ikt}$ で与えられる．(1)の結果により，$X(k)H(k)$ は $x*h(t)=\dfrac{1}{2\pi}\displaystyle\int_{-\pi}^{\pi} x(s)h(t-s)ds$ の複素フーリエ係数であるから，$y(t)=x*h(t)$ となることがわかる．

[2] $y_n = \dfrac{1}{2\pi}\displaystyle\int_{-\pi}^{\pi} f(t)g(t)e^{-int}dt = \dfrac{1}{2\pi}\displaystyle\int_{-\pi}^{\pi} \sum_{k=-\infty}^{\infty} f_k e^{ikt} \sum_{m=-\infty}^{\infty} g_m e^{imt} e^{-int}dt = \dfrac{1}{2\pi}\cdot$

$\displaystyle\sum_{k=-\infty}^{\infty}\sum_{m=-\infty}^{\infty} f_k g_m \int_{-\pi}^{\pi} e^{i(k+m-n)t}dt = \dfrac{1}{2\pi}\sum_{k=-\infty}^{\infty}\sum_{m=-\infty}^{\infty} f_k g_m \delta_{k,n-m} = \dfrac{1}{2\pi}\sum_{m=-\infty}^{\infty} f_{n-m}g_m$ から．

[3]　前半を示すには，線形性をみたさない例をあげればよい．すべての t で $x(t)>0$ となる入力を考える．すると $\mathrm{T}[x(t)]=x(t)$. 一方，$a\leqq 0$ とすると $\mathrm{T}[ax(t)]=0$. したがってこのような入力に対して $a\mathrm{T}[x(t)]\neq\mathrm{T}[ax(t)]$ となる．

$$c_n = \frac{a}{4\pi i}\int_0^{\pi}(e^{it}-e^{-it})e^{-int}dt = \frac{a}{2\pi}\frac{1+e^{-in\pi}}{1-n^2} \qquad (n\neq\pm 1)$$

$$c_1 = \frac{a}{4\pi i}\int_0^{\pi}(1-e^{-2it})dt = \frac{a}{4i} \qquad (n=1)$$

$$c_{-1} = \frac{a}{4\pi i}\int_0^{\pi}(e^{2it}-1)dt = -\frac{a}{4i} \qquad (n=-1)$$

したがって

$$y(t) = \frac{a}{\pi} + \frac{a}{4i}e^{it} - \frac{a}{4i}e^{-it} + \frac{a}{\pi}\sum_{|n|\geqq 1}\frac{e^{i2nt}}{1-(2n)^2}$$

[4]　キルヒホッフの法則により，コンデンサに保えられる電荷を $q(t)$ とすると，

$$R\frac{dq}{dt} + \frac{q}{C} = x, \qquad Cy = q$$

が成り立つ．

$$x = \sum_{n=-\infty}^{\infty} X_n e^{in\omega t}, \qquad q = \sum_{n=-\infty}^{\infty} Q_n e^{in\omega t}, \qquad y = \sum_{n=-\infty}^{\infty} Y_n e^{in\omega t}$$

とおくと，

$$Rin\omega Q_n + \frac{1}{C}Q_n = X_n, \qquad CY_n = Q_n$$

を得る．これから

200 ——— 問 題 略 解

$$Y_n = \frac{Q_n}{C} = \frac{X_n}{in\omega RC+1}$$

を得る．ここで，例題 2.4 の結果から $x(t)=a\pi+\sum_{n=-\infty}^{\infty}{}' \frac{ia}{n} e^{int}$ であるから，定常出力 $y(t)$ は，$\omega=1$ となることを考慮して，

$$y(t) = a\pi+ia \sum_{n=-\infty}^{\infty}{}' \frac{e^{int}}{n(1+inRC)}$$

ただし，$\sum'$ は $n=0$ を除く和を意味するものとする．

[5] $c_n = \frac{1}{T} \int_{-T/2}^{T/2} \delta_T(x) e^{-in(2\pi/T)x} dx = \frac{1}{T}$．したがって，

$$\delta_T(x) = \frac{1}{T} \sum_{n=-\infty}^{\infty} e^{in(2\pi/T)x}$$

第 3 章

問題 3-1

1. 例えば

$$u_T(t) = \begin{cases} 1 & (0 \leqq t < L) \\ 0 & (-L \leqq t < 0) \end{cases}, \qquad u_T(t+2L) = u_T(t)$$

という周期 $T=2L$ の周期関数において $L\to\infty$ としたものと考えることができる．

問題 3-2

1. (1) $F(\omega) = \displaystyle\int_0^\infty e^{-ax} e^{-i\omega x} dx = \frac{1}{a+i\omega}$

(2) $F(\omega) = \displaystyle\int_0^\infty x e^{-(a+i\omega)x} dx = \frac{1}{(a+i\omega)^2}$

(3)，(4)を同時に導く．$g(x)=e^{-ax}e^{\pm ibx}u(x)=e^{-ax}(\cos bx \pm i \sin bx)u(x)$ のフーリエ変換を計算する．

$$G(\omega) = \int_0^\infty e^{-(a\mp ib+i\omega)x} dx = \frac{1}{a \mp ib+i\omega}$$

したがって

$$\mathscr{F}[(e^{-ax}\sin bx)u(x)] = \frac{b}{(a+i\omega)^2+b^2}, \qquad \mathscr{F}[(e^{-ax}\cos bx)u(x)] = \frac{a+i\omega}{(a+i\omega)^2+b^2}$$

2. $f(x) = \dfrac{1}{2\pi} \displaystyle\int_{-\infty}^{\infty} \left(\frac{1}{\omega}\sin\omega\right) e^{i\omega x} d\omega = \frac{1}{2\pi} \int_0^\infty \frac{1}{\omega}\sin\omega(e^{i\omega x}+e^{-i\omega x}) d\omega$

問 題 略 解 ―――― 201

$x=0$ とおくと, $f(0)=\dfrac{1}{2}=\dfrac{1}{\pi}\displaystyle\int_0^\infty \dfrac{\sin\omega}{\omega}d\omega.$ すなわち, $\displaystyle\int_0^\infty \dfrac{\sin\omega}{\omega}d\omega=\dfrac{\pi}{2}.$

3. $F^*(\omega)=\left\{\displaystyle\int_{-\infty}^\infty f(x)e^{-i\omega x}dx\right\}^*=\displaystyle\int_{-\infty}^\infty f^*(x)e^{i\omega x}dx$

一方, $\mathscr{F}[f^*(x)](\omega)=\displaystyle\int_{-\infty}^\infty f^*(x)e^{-i\omega x}dx.$ したがって, $F^*(\omega)=\mathscr{F}[f^*(x)](-\omega).$

問題 3-3

1. (1) $\displaystyle\int_0^\infty xe^{-ax}e^{\pm i\omega x}dx=\dfrac{1}{(a\mp i\omega)^2}$

$$F_c(\omega)=\dfrac{1}{2}\left\{\dfrac{1}{(a-i\omega)^2}+\dfrac{1}{(a+i\omega)^2}\right\}=\dfrac{a^2-\omega^2}{(a^2+\omega^2)^2}$$

$$F_s(\omega)=\dfrac{1}{2i}\left\{\dfrac{1}{(a-i\omega)^2}-\dfrac{1}{(a+i\omega)^2}\right\}=\dfrac{2a\omega}{(a^2+\omega^2)^2}$$

(2) $$F_c(\omega)=\displaystyle\int_0^1(1-x)\cos\omega x\,dx=\dfrac{2\sin^2(\omega/2)}{\omega^2}$$

$$F_s(\omega)=\displaystyle\int_0^1(1-x)\sin\omega x\,dx=\dfrac{\omega-\sin\omega}{\omega^2}$$

2. (1) 両辺のフーリエ逆正弦変換をとる.

$$\phi(x)=\dfrac{2}{\pi}\displaystyle\int_0^1\sin kx\,dk=\dfrac{2}{\pi}\dfrac{1-\cos x}{x}$$

(2) $\phi(x)=\dfrac{2}{\pi}\displaystyle\int_0^\infty ke^{-k}\cos kx\,dk$

ここで, $\displaystyle\int_0^\infty ke^{-k}e^{ikx}dk=\dfrac{(1-x^2)+2ix}{(1-x^2)^2+4x^2}.$ したがって, $\phi(x)=\dfrac{2}{\pi}\dfrac{1-x^2}{(1-x^2)^2+4x^2}.$

問題 3-4

1. 関数 $f(x)$ の極は $z=2i,-2i,3i,-3i$ である. $\omega<0$ のとき, 公式 (3.13) から

$$F(\omega)=2\pi i\left\{\dfrac{e^{-i\omega z}}{(z+2i)(z^2+9)}\bigg|_{z=2i}+\dfrac{e^{-i\omega z}}{(z^2+4)(z+3i)}\bigg|_{z=3i}\right\}=\dfrac{\pi}{10}e^{2\omega}-\dfrac{\pi}{15}e^{3\omega}$$

同様に, $\omega>0$ のとき, 公式 (3.14) から

$$F(\omega)=\dfrac{\pi}{10}e^{-2\omega}-\dfrac{\pi}{15}e^{-3\omega}$$

となる. 以上を合わせて $\qquad F(\omega)=\dfrac{\pi}{10}e^{-2|\omega|}-\dfrac{\pi}{15}e^{-3|\omega|}$

202 ———— 問 題 略 解

2. $F(\omega)$ は極を $\omega=ia$ にもつ. 公式(3.14)から, $x>0$ のとき $f(x)=e^{-ax}$. また, (3.13)から, $x<0$ のとき $f(x)=0$. したがって, $f(x)=e^{-ax}u(x)$.

問題 3-5

1. $s>0$ とする. $y=sx$ と変数変換すると $x=y/s$ より

$$\int_{-\infty}^{\infty} f(sx)e^{-i\omega x}dx = \frac{1}{2}\int_{-\infty}^{\infty} f(y)e^{-i\omega y/s}dy = \frac{1}{s}\mathscr{F}[f(sx)]\left(\frac{\omega}{s}\right)$$

$s<0$ のときは, $y\to-\infty\,(x\to\infty)$, $y\to\infty\,(x\to-\infty)$ となることに注意すれば, $\mathscr{F}[f(sx)](\omega) = -\frac{1}{s}\mathscr{F}[f(x)]\left(\frac{\omega}{s}\right)$ を得る. 以上から式(3.16)が導かれた.

2. $\mathscr{F}[\mathscr{F}[f](\omega)](x) = \int_{-\infty}^{\infty}\left[\int_{-\infty}^{\infty} f(\omega)e^{-i\omega y}dy\right]e^{i(-x)\omega}d\omega$

これとフーリエの積分公式(3.4)を比較すれば, 式(3.17)を得る.

問題 3-6

1. $h(t) = \mathscr{F}^{-1}[H] = \frac{1}{2\pi}\int_{\omega_a}^{\omega_b} Ae^{i\omega(t-\tau)}d\omega + \frac{1}{2\pi}\int_{-\omega_b}^{-\omega_a} Ae^{i\omega(t-\tau)}d\omega$

$$= \frac{A}{\pi}\frac{\sin\omega_b(t-\tau)-\sin\omega_a(t-\tau)}{t-\tau}$$

2. $1/(a+i\omega)$ のフーリエ逆変換は $e^{-ax}u(x)$ であるから, $F(\omega)$ のフーリエ逆変換 $f(x)$ は, 式(3.30)より

$$f(x) = \int_{-\infty}^{\infty} e^{-a(x-y)}u(x-y)e^{-ay}u(y)dy = \int_{0}^{x} dy e^{-ax}u(x) = xe^{-ax}u(x)$$

問題 3-7

1. $2\pi\int_{-\infty}^{\infty} f(x)g^*(x)dx = 2\pi\left[\int_{-\infty}^{\infty} f(x)g^*(x)e^{-i\omega x}dx\right]_{\omega=0}$ となるから, パーシバルの等式を導いたのと同様にして, 式(3.31)より

$$\int_{-\infty}^{\infty} f(x)g^*(x)dx = \frac{1}{2\pi}\int_{-\infty}^{\infty} F(\omega)G^*(\omega)d\omega$$

2. 例題 3.1(1)の結果から, $(\sin\omega d)/\omega$ は関数

$$f(x) = \begin{cases} 1/2 & (|x|\leq d) \\ 0 & (|x|>d) \end{cases}$$

のフーリエ変換であるから, 上の問1の結果より,

$a>b$ のとき $\quad \dfrac{I}{2\pi} = \displaystyle\int_{-b}^{b}\left(\frac{1}{2}\right)^2 dx = \frac{b}{2}, \quad a\leq b$ のとき $\quad \dfrac{I}{2\pi} = \displaystyle\int_{-a}^{a}\left(\frac{1}{2}\right)^2 dx = \frac{a}{2}$

問 題 略 解 ——— 203

すなわち,

$$I = \int_{-\infty}^{\infty} \frac{\sin a\omega \sin b\omega}{\omega^2} d\omega = \pi \min\{a, b\}$$

3. $f(t)$, $g(t)$ のスペクトル(フーリエ変換)をそれぞれ $F(\omega)$, $G(\omega)$ とすると, $G(\omega) = F(\omega)H(\omega)$. したがって, $g(t)$ のエネルギースペクトルは

$$E_g(\omega) = F^2(\omega)H^2(\omega) = E_f^2(\omega)H^2(\omega)$$

問題 3-8

1. $\mathscr{F}[\delta(x)] = 1$ のフーリエ逆変換をとる.

2. $\mathscr{F}\left[\dfrac{a}{2}e^{-a|x|}\right] = \dfrac{a^2}{\omega^2 + a^2}$ となる. $a \to \infty$ とすればこれは $1 = \mathscr{F}[\delta(t)]$ に近づく. これから求める式が出る.

第3章演習問題

[1] $F(p) = \displaystyle\int_{-\infty}^{\infty} t(y)e^{-ipy}dy = \dfrac{2}{p}\sin pa$

[2] 例題 3.1(2)の結果, $e^{-a|x|}$ のフーリエ積分表示は $e^{-a|x|} = \dfrac{2}{\pi}\displaystyle\int_0^{\infty} \dfrac{a}{a^2 + \omega^2}\cos x\omega d\omega$ となる. $x = 1$ と置くと次の公式を得る.

$$\int_0^{\infty} \frac{a}{a^2 + \omega^2}\cos \omega d\omega = \frac{\pi}{2}e^{-a}$$

[3] $F'(\omega) = \dfrac{d}{d\omega}\displaystyle\int_{-\infty}^{\infty} e^{-ax^2}e^{-i\omega x}dx = \int_{-\infty}^{\infty}(-ix)e^{-ax^2 - i\omega x}dx$

$\qquad = \dfrac{i}{2a}\displaystyle\int_{-\infty}^{\infty}\left(\dfrac{d}{dx}e^{-ax^2}\right)e^{-i\omega x}dx$

となる. ここで部分積分をすれば $F'(\omega) = -\omega F(\omega)/2a$ を得る. 一方,

$$F(0) = \int_{-\infty}^{\infty} e^{-ax^2}e^{-i0x}dx = \int_{-\infty}^{\infty} e^{-ax^2}dx = \sqrt{\frac{\pi}{a}}$$

したがって, 常微分方程式 $F'(\omega) + \omega F(\omega)/2a = 0$ を, この初期値のもとに解いて

$$F(\omega) = \sqrt{\frac{\pi}{a}}e^{-\omega^2/4a}$$

を得る. e^{-ax^2} という関数のフーリエ変換がふたたび同じタイプの関数となるのも面白いが, それだけではなく, 確率論で重要となるガウス分布(試験の点の分布などのよいモデルとなる)に関する理論に, この結果は重要な役割を果たす.

[4] (1) $2F(\omega)$.　(2) $F(\omega/2)/2$.
これを図に示すと右のようである．

[5] (1) 両辺のフーリエ逆正弦変換を行なうと

$$\phi(x) = \frac{2}{\pi}\int_0^\infty e^{-k}\sin kx\,dk = \frac{2}{\pi}\int_0^\infty e^{-k}\frac{e^{ikx}+e^{-ikx}}{2i}dk = \frac{2x}{\pi(1+x^2)}$$

(2) 両辺のフーリエ変換をとり，式(3.30)を利用すると

$$\mathscr{F}\left[\frac{1}{x^2+a^2}\right]\mathscr{F}[\phi] = \mathscr{F}\left[\frac{1}{x^2+b^2}\right]$$

を得る．したがって，

$$\mathscr{F}[\phi] = \mathscr{F}\left[\frac{1}{x^2+b^2}\right]\Big/\mathscr{F}\left[\frac{1}{x^2+a^2}\right] = \frac{(\pi/b)e^{-b|k|}}{(\pi/a)e^{-a|k|}} = \frac{a}{b}e^{-(b-a)|k|}$$

となる．ただし，巻末の[数学公式]を利用した．これから，

$$\phi(x) = \mathscr{F}^{-1}\left[\frac{a}{b}e^{-(b-a)|k|}\right] = \frac{a(b-a)}{\pi b}\frac{1}{x^2+(b-a)^2}$$

[6] (1) $\mathscr{F}^{-1}[F] = \mathscr{F}^{-1}\left[\dfrac{2a}{(\omega+ia)(\omega-ia)}\right] = e^{-a|x|}$

(2) $\mathscr{F}^{-1}[F] = \mathscr{F}^{-1}\left[\dfrac{-b}{(\omega+b-ia)(\omega-b-ia)}\right]$

Fの極は$b+ia$と$-b+ia$にあるから，$\mathscr{F}^{-1}[F]=(e^{-ax}\sin bx)u(x)$.

第 4 章

問題 4-1

1. 内積の定義により

$$\|\boldsymbol{a}+\boldsymbol{b}\|^2 = \|\boldsymbol{a}\|^2 + 2(\boldsymbol{a},\boldsymbol{b}) + \|\boldsymbol{b}\|^2$$

となるが，この式の右辺はコーシー・シュワルツの不等式により

$$\leq \|\boldsymbol{a}\|^2 + 2\|\boldsymbol{a}\|\,\|\boldsymbol{b}\| + \|\boldsymbol{b}\|^2 = (\|\boldsymbol{a}\|+\|\boldsymbol{b}\|)^2$$

と押さえられる．

2. $(\boldsymbol{a}_n)_i$ をベクトル $\boldsymbol{a}_n$ の第i成分とするとき

$$d(\boldsymbol{a}_n,\boldsymbol{a}_m) = \left\{\sum_{i=1}^n ((\boldsymbol{a}_n)_i - (\boldsymbol{a}_m)_i)^2\right\}^{1/2}$$

であるから，ベクトルの列 $\boldsymbol{a}_n$ が $d(\boldsymbol{a}_n,\boldsymbol{a}_m)\to 0\ (m,n\to\infty)$ を満たすとき $|(\boldsymbol{a}_n)_i-(\boldsymbol{a}_m)_i|\to$

問 題 略 解 ——— 205

$0\ (m, n \to \infty)$ が各 $i\ (1 \leqq i \leqq n)$ についていえる. したがって, 各 i について $(a_n)_i$ が実数の基本列となることから, 各 i についてある $a_i{}^*$ が存在して, $|(a_n)_i - a_i{}^*| \to 0\ (n \to \infty)$ となる. これから, ベクトル列 $\boldsymbol{a}_n$ は $\boldsymbol{a}^* = (a_1{}^*, a_2{}^*, \cdots, a_n{}^*)$ に収束すること, すなわち, $d(\boldsymbol{a}_n, \boldsymbol{a}^*) \to 0\ (n \to \infty)$ となることがわかる.

問題 4-2

1. $\|e^{inx}\|^2 = \displaystyle\int_{-\pi}^{\pi} |e^{inx}|^2 dx = \int_{-\pi}^{\pi} dx = 2\pi$ から, $\dfrac{e^{inx}}{\|e^{inx}\|} = \dfrac{e^{inx}}{\sqrt{2\pi}}\ (n = 0, \pm 1, \pm 2, \cdots)$ が正規直交系となることがわかる.

第 4 章演習問題

[1] フーリエ級数展開のときと同様.

第 5 章

問題 5-1

1. (1) 2 階. (2) 2 階. (3) 3 階. (4) 2 階. (5) 2 階. (6) 1 階.

2. (1) 非線形, 同次. (2) 線形, 同次. (3) 非線形, 非同次.
   (4) 線形, 非同次. (5) 非線形, 同次. (6) 線形, 同次.

3. (1) $u_x = v$ とおくと, $v_x = 0$ が与えられた方程式となる. その一般解は, ϕ を t の任意関数として $v = \phi(t)$ である. したがって $u = \displaystyle\int \phi(t) dx = \phi(t)x + \psi(t)$. ただし, ψ も t の任意関数. これが一般解.

(2) $u_x = v$ とおくと, $v_t - v_x = 0$ が与えられた方程式に一致する. その一般解は, ϕ' を任意関数として $v = \phi'(x + t)$ である. したがって, $u = \displaystyle\int \phi'(x + t) dx + \psi(t) = \phi(x + t) + \psi(t)$. ただし, ϕ と ψ は任意関数.

問題 5-2

1. 式 (5.13) を x について偏微分し, $x = 0$ とおくと

$$u_x(0, t) = \frac{1}{2}[f'(ct) + f'(-ct)] + \frac{1}{2c}[g(ct) - g(-ct)]$$

となる. これが 0 となるためには, $f(x)$ と $g(x)$ をともに偶関数として $x < 0$ に拡張すればよい. したがって, この条件をつけたストークスの波動公式 (5.13) が解となる.

物理的にはこの解は，次のことを表わしている．すなわち，x の正の方向から入射してくる波の自由端での反射は，仮想的に x の負の方向にも延びている弦において，x の負の方向から，入射波と同じ形で x の正の方向へ向かう波がやってきて，x の正の方向からやってくる波と干渉し合うのと全く同じ現象となることを表わしている．

2. 関数 $f(x)$ を $x<0$ に対し偶関数として拡張した関数を $\tilde{f}(x)$ と書く．解は，上の問題の結果から，$u(x,t) = \dfrac{1}{2}[\tilde{f}(x+ct) + \tilde{f}(x-ct)]$．

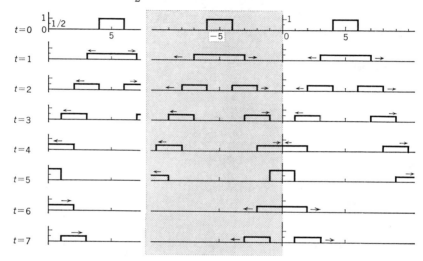

3. 本文中の結果から

$$u(x,t) = \frac{1}{2}\sum_{n=1}^{\infty} A_n\left(\sin\frac{n\pi}{L}(x+ct) + \sin\frac{n\pi}{L}(x-ct)\right)$$

$$A_n = \frac{2}{L}\int_0^L f(x')\sin\frac{n\pi x'}{L}dx' = \begin{cases} 8aL^2/(\pi n)^3 & (n:\text{奇数}) \\ 0 & (n:\text{偶数}) \end{cases}$$

問題 5-3

1. $u(x,t) = X(x)T(t)$ とおいて特解を求めよう．X は式 (5.41) と境界条件 $X(0) = X(L) = 0$ を満たす．したがって

$$X_n(x) = B_n \sin\frac{\pi n}{L}x \qquad (n=1, 2, \cdots)$$

が解となる．すなわち，$k_n = (\pi n/L)^2$ のときのみ式 (5.41) の解が存在する．$k_n = (\pi n/L)^2$ のとき，式 (5.42) の解は $T_n(t) = Ce^{-\kappa k_n t}$ である．したがって

$$u_n(x, t) = B_n \sin \frac{n\pi x}{L} e^{-\kappa k_n t} \qquad (n = 1, 2, \cdots)$$

はすべて式 (5.38) の境界条件 $u(0, t) = u(L, t) = 0$ の下で解となる. 次に, これらを重ね合わせて, 初期値-境界値問題の解をつくる.

$$u(x, t) = \sum_{n=1}^{\infty} B_n \sin \frac{n\pi x}{L} e^{-\kappa k_n t}$$

$t = 0$ と置くとき

$$f(x) = \sum_{n=1}^{\infty} B_n \sin \frac{n\pi x}{L}$$

が満たされなくてはならない. これは, ちょうどフーリエ正弦展開の式であるから,

$$B_n = \frac{2}{L} \int_0^L f(x) \sin \frac{n\pi x}{L} dx$$

で与えられる. ここで $t \to \infty$ とすると, $u(x, t) \to 0$ となることがわかる. すなわち, 両端を温度 0 に保たれた棒は, 時間の経過とともに棒全体が温度 0 になってゆく.

2. $\mathcal{E}(t) = \int_0^L u^2(x, t) dx$ で与えられる量が有限であるとする. 式 (5.62) の時間変化を調べたときと同様にして, $\mathcal{E}(t)$ の時間微分を計算すると

$$\mathcal{E}'(t) = 2\kappa [uu_x]_0^L - 2\kappa \int_0^L u_x{}^2 dx = -2\kappa \int_0^L u_x{}^2 dx \leqq 0$$

を得る. ただし, u が $x = 0$ と $x = L$ で 0 となることを用いた. したがって, 境界条件 $u(0, t) = u(L, t) = 0$ の下でも, エネルギー不等式 $\mathcal{E}(t) \leqq \mathcal{E}(0)$ が成り立つことがわかる. あとは式 (5.63) 以降の議論と同様にして, 解の一意性がいえる.

問題 5-4

1. 式 (5.79) に関数 $(\pi - x)x$ のフーリエ正弦級数展開を代入することによって, 解 $u(x, y) = \dfrac{8}{\pi} \displaystyle\sum_{n=1}^{\infty} \dfrac{\sinh[(2n-1)(\pi-y)]}{(2n-1)^3 \sinh(2n-1)\pi} \sin(2n-1)x$ を得る.

2. (1) ラプラスの方程式は線形であるから, u はラプラスの方程式を満たす. $Q \in S$ のとき, $u(Q) = v(Q) - w(Q) = f(Q) - f(Q) = 0$.

(2) 最大値原理より u は境界上で最大値と最小値をとる. 境界上で $u = f = 0$ であるから, D 上のすべての点で $u = 0$. したがって $v = w$ となる.

問題 5-5

1. $u(x, y, t) = v(x, y)T(t)$ とおいて 2 次元の熱伝導方程式に代入すると

208 ——— 問 題 略 解

$$T' + kT = 0, \qquad v_{xx} + v_{yy} + kv = 0$$

を得る．また，境界条件は

$$v(0, y) = v(a, y) = v(x, 0) = v(x, b) = 0$$

となる．本文中の結果から，$k_{mn} = \pi^2(m^2/a^2 + n^2/b^2)$ に対し，

$$v_{mn} = d_{mn} \sin \frac{m\pi x}{a} \sin \frac{n\pi y}{b} \qquad (m, n = 1, 2, \cdots)$$

が $v_{xx} + v_{yy} + k_{mn}v = 0$ の境界条件を満たす解となる．また，k_{mn} に対し，

$$T_{mn}(t) = c_{mn} e^{-k_{mn}t}$$

が $T' + k_{mn}T = 0$ の解となる．以上から，

$$u(x, y, t) = \sum_{m, n=1}^{\infty} a_{mn} \sin \frac{m\pi x}{a} \sin \frac{n\pi y}{b} e^{-k_{mn}t}$$

が2次元の熱伝導方程式の解となることがわかる．この式で $t=0$ とすると

$$f(x, y) = \sum_{m, n=1}^{\infty} a_{mn} \sin \frac{m\pi x}{a} \sin \frac{n\pi y}{b}$$

となり，したがって

$$a_{mn} = \frac{4}{ab} \int_0^a \int_0^b f(x, y) \sin \frac{m\pi x}{a} \sin \frac{n\pi y}{b} \, dxdy$$

第5章演習問題

[1] (1) $u(x, t) = \sum_{n=1}^{\infty} T_n(t) \sin \frac{n\pi x}{L}$

を $u_{xx} - u_{tt} = f(x, t)$ に代入すると，偏微分と和の順序が交換できるとして

$$-\sum_{n=1}^{\infty} \left\{ T_n'' + \left(\frac{n\pi}{L}\right)^2 T_n(t) \right\} \sin \frac{n\pi x}{L} = \sum_{n=1}^{\infty} F_n(t) \sin \frac{n\pi x}{L}$$

を得る．これから，$T_n(t)$ が常微分方程式

$$T_n''(t) + \left(\frac{n\pi}{L}\right)^2 T_n(t) = -F_n(t)$$

の解であれば，$u(x, t)$ は与えられた非斉次波動方程式の解であることがわかる．

(2) $F_n(t) = \dfrac{2 \sin \omega t}{L} \displaystyle\int_0^L \sin \frac{n\pi x}{L} \, dx$

$$= -\frac{2 \sin \omega t}{n\pi}(\cos n\pi - 1) = \begin{cases} 0 & (n: \text{偶数}) \\ (4 \sin \omega t)/n\pi & (n: \text{奇数}) \end{cases}$$

で与えられる．したがって $T_{2n+1}(t)$ は

$$T_{2n+1}''(t) + \left(\frac{(2n+1)\pi}{L}\right)^2 T_{2n+1}(t) = \frac{4}{(2n+1)\pi} \sin \omega t$$

の解となる．この方程式は $\omega^2 = ((2n+1)\pi/L)^2$ のとき共鳴現象を表わしている．

(3) $T_n(t)$ を (1) で導いた常微分方程式の解とする．また，$0 \leqq x \leqq L$ で定義されている関数 $\phi(x)$ と $\psi(x)$ を周期 $2L$ の奇関数に拡張しておき，それぞれ $\tilde{\phi}(x)$, $\tilde{\psi}(x)$ と書く．このとき非斉次波動方程式の解は

$$u(x,t) = \frac{1}{2}\{\tilde{\phi}(x+t)+\tilde{\phi}(x-t)\} + \frac{1}{2}\int_{x-ct}^{x+ct}\tilde{\psi}(s)ds + \sum_{n=1}^{\infty}T_n(t)\sin\frac{n\pi x}{L}$$

[2] 伝送線路方程式の第 1 式に I をかけて，第 2 式に E をかけた式に加えると

$$E_xI+I_xE+LI_tI+CE_tE+RI^2+GE^2 = (EI)_x + \frac{1}{2}(LI^2+CE^2)_t+RI^2+GE^2 = 0$$

を得る．ここで，$R \geqq 0$, $G \geqq 0$, $I^2 \geqq 0$, $E^2 \geqq 0$ から，$2(EI)_x+(LI^2+CE^2)_t \leqq 0$ を得る．

次に，$\mathcal{E}(t)$ の時間変化を調べてみる．上の不等式から，

$$\mathcal{E}'(t) = \int_0^a (LI^2+CE^2)_t dt \leqq -2\int_0^a (EI)_x dx = 0$$

となる．したがって $\mathcal{E}(t) \leqq \mathcal{E}(0)$ $(t \geqq 0)$ がわかる．

伝送線路方程式の解の一意性を調べるために，2 つの解の組 (E_1, I_1) と (E_2, I_2) が求められたとしよう．伝送線路方程式が線形であるので，$E=E_1-E_2$, $I=I_1-I_2$ はふたたび解となり，境界条件

$$I(0,t) = I_1(0,t)-I_2(0,t) = f(t)-f(t) = 0$$

および同様に導かれる境界条件

$$E(0,t) = 0, \qquad I(a,t) = 0, \qquad E(a,t) = 0$$

を満たす．また，この解は初期条件

$$I(x,0) = I_1(x,0)-I_2(x,0) = \phi(x)-\phi(x) = 0, \qquad E(x,0) = 0$$

を満たす．したがって，この I と E の組に対し，$\mathcal{E}(0)=0$ となり，$\mathcal{E}(t)=0$ $(t \geqq 0)$ を得る．これは $t \geqq 0$ で $I=E=0$ が成り立つこと，すなわち，$I_1=I_2$, $E_1=E_2$ が成り立つことを示している．

さて，$E=e^{-Rt/L}u$, $I=e^{-Rt/L}v$ とおき，もとの伝送方程式の第 1 式に代入すると

$$L\left(-\frac{R}{L}I+e^{-(R/L)t}v_t\right)+e^{-(R/L)t}u_x+RI = e^{-(R/L)t}(Lv_t+u_x) = 0$$

すなわち，$Lv_t+u_x=0$ を得る．同様に，第 2 式は $Cu_t+v_x=0$ となる．$Lv_t+u_x=0$ を t について微分すると，$Lv_{tt}+u_{xt}=0$ を得るが，$Cu_t+v_x=0$ を x について微分した式 $Cu_{tx}+v_{xx}=0$ を用いて $u_{xt}=u_{tx}$ を消去すると，$v_{xx}-LCv_{tt}=0$ を得る．また同様に，$Cu_t+v_x=0$ を t について微分し，$Lv_t+u_x=0$ を x について微分した式を利用すると，

210 ——— 問 題 略 解

$u_{xx}-LCu_{tt}=0$ を得る. $u_{xx}-LCu_{tt}=0$ を解いてみよう.

$$u(x,t) = e^{(R/L)t}E(x,t)$$

から $u(x,0)=E(x,0)=\phi(x)$. また,

$$u_t = -\frac{v_x}{C} = -\frac{1}{C}e^{(R/L)t}I_x$$

より, $u_t(0)=-\dfrac{1}{C}\phi'(x)$ となる. したがって, $k=1/\sqrt{LC}$ として

$$E(x,t) = \frac{1}{2}e^{-(R/L)t}\left\{\phi(x+kt)+\phi(x-kt)-\frac{1}{kC}\int_{x-kt}^{x+kt}\phi'(s)ds\right\}$$

$$= \frac{1}{2}e^{-(R/L)t}\left\{\phi(x+kt)+\phi(x-kt)-\sqrt{\frac{L}{C}}(\phi(x+kt)-\phi(x-kt))\right\}$$

を得る. 同様に,

$$I(x,t) = \frac{1}{2}e^{-(R/L)t}\left\{\phi(x+kt)+\phi(x-kt)-\sqrt{\frac{C}{L}}(\phi(x+kt)-\phi(x-kt))\right\}$$

[3]　$u(x,t)=X(x)T(t)$ とおいて特解を求めよう. X は式(5.41)と境界条件 $X'(0)=X'(L)=0$ を満たす. したがって, その解は

$$X_n(x) = A\cos\frac{n\pi}{L}x \qquad (n=0,1,2,\cdots)$$

となる. これは $k_n=(n\pi/L)^2$ のときに, 式(5.41)の解が存在することを示している. あとは問題 5-3 の問 1 と同様にして

$$u(x,t) = \frac{A_0}{2}+\sum_{n=1}^{\infty}A_n\cos\frac{n\pi x}{L}e^{-\kappa k_n t}, \qquad A_n = \frac{2}{L}\int_0^L f(x)\cos\frac{n\pi x}{L}dx$$

が解となることがわかる.

また, $t\to\infty$ では $u(x,t)\to\dfrac{1}{L}\displaystyle\int_0^L f(x)dx$ となり, 初期温度分布の平均値に収束することがわかる.

[4]　$u(x,y,z)=U(x,y)Z(z)$ と変数分離する. 解は

$$u(x,y,z) = \sum_{m,n=1}^{\infty}B_{mn}\sin\frac{m\pi x}{a}\sin\frac{n\pi y}{b}\sinh p_{mn}(z-c)$$

$$B_{mn} = -\frac{4}{ab\sinh p_{mn}c}\int_0^a\int_0^b f(x,y)\sin\frac{m\pi x}{a}\sin\frac{n\pi y}{b}dxdy$$

[5]　(1)　$u(x,t)=\dfrac{1}{2\pi}\displaystyle\int_{-\infty}^{\infty}U(t,k)e^{ikx}dk$ を与えられた偏微分方程式に代入し, 積分と偏微分が交換できるとすると, $\dfrac{1}{2\pi}\displaystyle\int_{-\infty}^{\infty}(U_t-ik^3U)e^{ikx}dk=0$ を得る. これから U に関

問 題 略 解 ——— 211

する常微分方程式 $U_t - ik^3 U = 0$ が導かれる．ここで，$t=0$ とすると，$u(x,0) = \dfrac{1}{2\pi} \displaystyle\int_{-\infty}^{\infty}$ $U(0,k)e^{ikx}dk$ となるから，$U(0,k) = \mathscr{F}[f](k) = F(k)$ がわかる．

(2)　$U_t - ik^3 U = 0$ を初期値 $U(0,k) = F(k)$ の下で解くと $U(t,k) = F(k)e^{ik^3 t}$ となる．したがって，与えられた偏微分方程式の初期値問題の解は $u(x,t) = \dfrac{1}{2\pi} \displaystyle\int_{-\infty}^{\infty} F(k)e^{i(kx+k^3 t)}dk$ で与えられる．

(3)　位相が 0 となる点は $kx + k^3 t = 0$ で与えられる．すなわち，$x = -k^2 t$ が位相が 0 となる点であり，その移動の速度は $-k^2$ で与えられる．これは k によって異なる．これは波数 k によって波 $F(k)e^{i(kx+k^3 t)}$ の移動する速度が異なることを意味している．したがって，その重ね合わせで表わされる波形 $u(x,t)$ は，だんだんもとの波形と異なったものに変形していくことがわかる．

これを分散現象といい，導波管の中や光ファイバーの中の波動も分散現象によりひずんでゆくことが知られている．

第 6 章

問題 6-1

1. (1)　$\mathscr{L}[1](s) = \displaystyle\int_0^{\infty} e^{-sx}dx = \left[-\dfrac{1}{s}e^{-sx} \right]_0^{\infty} = \dfrac{1}{s}$　　（収束領域は $\mathrm{Re}[s] > 0$）

(2)　$\mathscr{L}[x](s) = \displaystyle\int_0^{\infty} xe^{-sx}dx = \left[x\dfrac{e^{-sx}}{-s} \right]_0^{\infty} + \displaystyle\int_0^{\infty} \dfrac{e^{-sx}}{s}dx$

$\qquad = \left[\dfrac{e^{-sx}}{-s^2} \right]_0^{\infty} = \dfrac{1}{s^2}$　　（収束領域は $\mathrm{Re}[s] > 0$）

(3)　$\mathscr{L}[\cosh kx] = \dfrac{1}{2}\{ \mathscr{L}[e^{kx}] + \mathscr{L}[e^{-kx}] \}$

$\qquad = \dfrac{1}{2}\left(\dfrac{1}{s-k} + \dfrac{1}{s+k} \right) = \dfrac{s}{s^2-k^2}$　　（収束領域は $\mathrm{Re}[s] > |k|$）

(4)　(3) と同様に

$\qquad\qquad \mathscr{L}[\sinh kx] = \dfrac{k}{s^2-k^2}$　　（収束領域は $\mathrm{Re}[s] > |k|$）

(5)　$\mathscr{L}[e^{-ax}\cos kx] = \dfrac{1}{2}\mathscr{L}[e^{(-a+ik)x} + e^{(-a-ik)x}]$

$\qquad\qquad = \dfrac{s+a}{(s+a)^2+k^2}$　　（収束領域は $\mathrm{Re}[s] > -a$）

(6)　(5) と同様にして，

212 ———— 問 題 略 解

$$\mathscr{L}[e^{-ax}\sin kx] = \frac{k}{(s+a)^2+k^2} \qquad (\text{収束領域は } \mathrm{Re}[s] > -a)$$

2. 前半は

$$\mathscr{L}[x^n f(x)] = \int_0^\infty x^n f(x) e^{-sx} dx$$

$$= \int_0^\infty f(x) \left(-\frac{d}{ds}\right)^n e^{-sx} dx = \left(-\frac{d}{ds}\right)^n \mathscr{L}[f(x)]$$

より．これを使うと

$$\mathscr{L}[x^n e^{ax}] = \left(-\frac{d}{ds}\right)^n \mathscr{L}[e^{ax}] = \left(-\frac{d}{ds}\right)^n \frac{1}{s-a} = \frac{n!}{(s-a)^{n+1}}$$

問題 6-2

1. (1) まず，部分分数展開法で求める．$L(s) = \dfrac{a}{s+2} + \dfrac{b}{s+3}$ とおき，a と b を定めると，$a=1$，$b=-1$ となる．したがって，$f(x) = \mathscr{L}^{-1}[L(s)] = e^{-2x} - e^{-3x}$．

次に，留数の定理を用いて，ラプラス逆変換を求める．

$$f(x) = \frac{1}{2\pi i} \int_C \frac{e^{sx}}{(s+2)(s+3)} dx = e^{-2x} - e^{-3x}$$

(2) まず，部分分数展開法で求める．$L(s) = \dfrac{a}{(s+1)^2} + \dfrac{b}{s+1} + \dfrac{c}{s+2}$ とおき，a,b,c を定めると，$a=-3$，$b=6$，$c=-6$ となる．したがって，$f(x) = \mathscr{L}^{-1}[L(s)] = -3xe^{-x} + 6e^{-x} - 6e^{-2x}$．

次に，留数の定理を用いて，ラプラス逆変換を求める．

$$f(x) = \frac{1}{2\pi i} \int_C \frac{3se^{sx}}{(s+1)^2(s+2)} dx = \frac{d}{ds} \frac{3se^{sx}}{s+2}\Big|_{s=-1} + \frac{3se^{sx}}{(s+1)^2}\Big|_{s=-2}$$

$$= -3xe^{-x} + 6e^{-x} - 6e^{-2x}$$

問題 6-3

1. (1) $X(s) = \mathscr{L}[x(t)]$ とすると，$s^2 X(s) + 3sX(s) + 2X(s) = \dfrac{1}{s+3}$．これから $X(s) = \dfrac{1}{(s^2+3s+2)(s+3)}$．したがって，

$$x(t) = \mathscr{L}^{-1}[X(s)] = \frac{1}{2}e^{-t} - e^{-2t} + \frac{1}{2}e^{-3t}$$

(2) 式 (6.10), (6.13) より，$X(s) = \mathscr{L}[x(t)]$ とすると，$sX(s) - x(0) + 5X(s) + 4\dfrac{X(s)}{s} = \dfrac{2}{s^2+1}$．これから $X(s) = \dfrac{s^3+3s}{(s^2+5s+4)(s^2+1)}$．したがって，

問 題 略 解 ——— 213

$$x(t) = \mathscr{L}^{-1}[X(s)] = -\frac{2}{3}e^{-t} + \frac{76}{51}e^{-4t} + \frac{3}{17}\cos t + \frac{5}{17}\sin t$$

第 6 章演習問題

[1] $\displaystyle L(s) = \int_0^\infty f(t)e^{-st}dt = \sum_{k=0}^\infty \int_{kT}^{(k+1)T} f(t)e^{-st}dt$

$$= \sum_{k=0}^\infty \int_0^T f(kT+t)e^{-s(kT+t)}dt = \sum_{k=0}^\infty e^{-kTs}\tilde{L}(s) = \frac{\tilde{L}(s)}{1-e^{-Ts}}$$

[2] (1) $\displaystyle \tilde{L}(s) = \int_0^L e^{-st}dt = \left[\frac{e^{-st}}{-s}\right]_0^L = \frac{1}{s}(1-e^{-sL})$

したがって

$$L(s) = \frac{1-e^{-sL}}{s(1-e^{-2sL})} = \frac{1}{s(1+e^{-sL})}$$

(2) $\displaystyle \tilde{L}(s) = \int_0^T te^{-st}dt = -\frac{Te^{-sT}}{s} - \frac{e^{-sT}-1}{s^2}$

したがって

$$L(s) = \frac{1-e^{-sT}-sTe^{-sT}}{s^2(1-e^{-sT})}$$

(3) $\displaystyle \tilde{L}(s) = \int_0^\pi \sin t\, e^{-st}dt = \frac{1+e^{-\pi s}}{s^2+1}$

したがって,

$$L(s) = \frac{1}{s^2+1}\frac{1+e^{-\pi s}}{1-e^{-\pi s}} = \frac{\coth(\pi s/2)}{s^2+1}$$

[3] $Q(s)$ の零点を $s_1, s_2, \cdots, s_N$ とすると

$$x(t) = \mathscr{L}^{-1}[L(s)] = \sum_{m=1}^N \mathrm{Res}\left(\frac{P(s)e^{st}}{Q(s)}, s_m\right)$$

ここで, $1 \le m \le N$ について, s_m が i_m 位の零点とすると

$$\mathrm{Res}\left(\frac{P(s)e^{st}}{Q(s)}, s_m\right) = \frac{1}{(i_m-1)!}\left[\frac{d^{i_m-1}}{ds^{i_m-1}}\frac{P(s)(s-s_m)^{i_m}}{Q(s)}e^{st}\right]_{s=s_m}$$

となるが, これは $R_m(t)e^{s_m t}$ の形となることがわかる. ただし, $R_m(t)$ は t の多項式である. したがって, $\mathrm{Re}[s_m]<0$ であることより, $R_m(t)e^{s_m t} \to 0\ (t\to\infty)$ となる. これより, $x(t)\to 0\ (t\to\infty)$ がわかる.

索引

ア 行

1次元拡散方程式　144
1次元波動方程式　127
一様収束　58
一般解　125
一般化フーリエ級数　120
一般化フーリエ係数　120
インパルス応答　88
ウィーナー・ヒンチンの定理　94
ウォルシュの関数系　118
エネルギースペクトル　93
エネルギーの保存　140
エネルギー不等式　150
オイラーの公式　39

カ 行

概周期関数　71
階数　124
回折パターン　101
階段関数　53
解の一意性　149
ガウス分布　203
拡散方程式　144

各点収束　26
重ね合わせ
　特解の――　138
重ね合わせの原理　46, 84, 125
関数空間　115
完全性　117
完備　113
奇関数　13
奇関数部分　14
基底　108
ギブス　Gibbs, J. W.　58
ギブス現象　57
基本角周波数　137
基本周期　3
基本モード　137
基本列　113
境界条件　127
境界値問題　127
距離　112
偶関数　13
偶関数部分　14
クノイダル波　70
区分的に滑らか　26
区分的に連続　26

216 ——— 索　引

弦の強制振動　161
弦の振動　127, 134
　　両端の固定された――　133
検波　86
合成積　66, 89
項別積分　35
項別積分可能性　36
項別微分　32
項別微分可能性　32
コーシー Cauchy, A. L.　129
コーシー・シュワルツの不等式　110
コーシー問題　129
コーシー列　113
コッホ図形　122
固有関数　136
固有値　136
混合問題　127, 131

サ　行

最大値原理　156
最良近似問題　59, 120
差分法　154
三角関数　2
三角関数系　8
三角級数　6
自己相関関数　94
写像　49
遮断周波数　90
周期関数　3
周期的拡張　6
周期的境界条件　145
周期的なデルタ関数　54
周波数シフトの法則　85
周波数特性　90
主要部　126
初期条件　127
初期値問題　129
ジョルダンの補助定理　81
振幅変調　85

ストークスの波動公式　130
スペクトル　41, 76
正規化　119
正規直交関数系　117
接合積　→合成積
絶対可積分　73
線形　124
線形システム　46, 49, 88
線形性　46
線形定数係数常微分方程式　175
線形偏微分方程式　125
双曲型　126
ソリトン　70, 164

タ　行

帯域制限波形　85
第1種の不連続点　27
第 n 高調波モード　137
太鼓の膜の振動　158
楕円型　126
高木貞治　122
たたみこみ　→合成積
ダランベールの解　129
単位インパルス　70
単位ベクトル　108
超関数　52
　　――の収束　99
　　――のフーリエ変換　96, 98
調和振動　137
直交性
　　三角関数系の――　8
ディラック Dirac, P. A. M.　51
　　――のデルタ関数　51
ディリクレ Dirichlet, P. G. L.　26
ディリクレ型境界値問題　152
ディリクレ条件　27
ディリクレ積分核　179
ディリクレ問題
　　非有界領域での――　156

索　引 —— 217

デルタ関数
　周期的な―― 54
　ディラックの―― 51
伝送線路の方程式 162
伝達関数 90
同次 124
特解 125
　――の重ね合わせ 138
特性方程式 126
戸田格子方程式 164
ド・モアブルの公式 40

ナ 行

内積 9, 107, 112
内積空間 112
波の反射 130
　固定端における―― 130
　自由端での―― 143
2階の定数係数線形偏微分方程式 126
2重フーリエ正弦級数 160
熱伝導方程式 144
　――の理論的な欠陥 149
　2次元の―― 161
のこぎり波 42

ハ 行

白色雑音 95
パーシバルの等式 62, 93
波動方程式 127
　――の初期値問題 129
　2次元の―― 158
　非斉次の―― 161
腹 138
半波整流波形 67
パンルヴェ Painlevé, P. 68
非周期関数 70
非線形 124
　――のフーリエ変換 164
ピタゴラスの定理 109

非同次 124
評価関数 60
標準型 126
ヒルベルト空間 113
広田の方法 178
複素直交関数系 43
複素フーリエ級数 40
複素フーリエ係数 41
複素フーリエ変換 81
復調 86
節 137
部分分数展開法 171
フーリエ Fourier, J. B. J. 7
　――の積分公式 73, 78
　――の方法 144
フーリエ逆変換 74
フーリエ級数 6
　――の収束性 179
フーリエ級数展開 6
　――の第3の形式 63
フーリエ係数 8
　――計算のコツ 15
　――の最終性 61
フーリエ正弦積分 79
フーリエ正弦展開 23
フーリエ正弦変換 79
フーリエ積分表示 73
フーリエ変換 74, 84
　超関数の―― 96
　非線形の―― 164
フーリエ余弦積分 79
フーリエ余弦展開 21
フーリエ余弦変換 79
ブロムウィッチ積分路 174
分散現象 211
平均収束 65
平均2乗誤差 60
平面波 100
ベクトル 106

218 ——— 索　引

——の関数表示　114
——の成分表示　107
——の矢印表示　106
ベクトル空間　111
ベッセルの不等式　62
ヘビサイド Heaviside, O.　167
——の演算子法　168
ヘビサイド関数　53
ヘルムホルツの方程式　159
変数分離法　135
変調　85
偏微分方程式　124
——の解　124
放物型　126
ホワイトノイズ　→白色雑音

マ，ヤ 行

無限区間での波動　141
無限に長い棒での熱伝導　147
有理関数　81
良い関数　52, 96

ラ，ワ 行

ラーデマッハの関数系　118
ラプラス逆変換　167, 171
ラプラスの方程式　151
　長方形領域上での——　151
　2 次元の——　151
　3 次元の——　163
ラプラス変換　166
——の収束座標　167
——の性質　168
——の反転公式　167
初等関数の——　170
離散スペクトル　76
理想帯域通過フィルタ　91
理想低域通過フィルタ　90
リーマン・ルベーグの定理　183
留数の定理　82
——による方法　173
連続スペクトル　76
ワイエルシュトラス Weierstrass, K.
　122

大石進一

1953年静岡県浜松市に生まれる. 1981年早
稲田大学大学院理工学研究科博士課程修了.
1980年より早稲田大学勤務. 現在, 早稲田
大学理工学術院基幹理工学部応用数理学科教
授. 工学博士. 専攻, 非線形理論, 特に精度
保証付き数値計算を用いた計算機援用証明.

理工系の数学入門コース 新装版
フーリエ解析

1989 年 6 月 13 日	初版第 1 刷発行
2019 年 5 月 15 日	初版第 37 刷発行
2019 年 11 月 14 日	新装版第 1 刷発行
2024 年 9 月 13 日	新装版第 7 刷発行

著　者　<ruby>大石進一<rt>おおいししんいち</rt></ruby>

発行者　坂本政謙

発行所　株式会社　岩波書店
　　　　〒101-8002 東京都千代田区一ツ橋 2-5-5
　　　　電話案内 03-5210-4000
　　　　https://www.iwanami.co.jp/

印刷・理想社　表紙・精興社　製本・松岳社

© Shin'ichi Oishi 2019
ISBN 978-4-00-029888-9　Printed in Japan

戸田盛和・中嶋貞雄 編
物理入門コース[新装版]
A5 判並製

理工系の学生が物理の基礎を学ぶための理想的なシリーズ．第一線の物理学者が本質を徹底的にかみくだいて説明．詳しい解答つきの例題・問題によって，理解が深まり，計算力が身につく．長年支持されてきた内容はそのまま，薄く，軽く，持ち歩きやすい造本に．

力　学	戸田盛和	258 頁	2640 円
解析力学	小出昭一郎	192 頁	2530 円
電磁気学Ⅰ　電場と磁場	長岡洋介	230 頁	2640 円
電磁気学Ⅱ　変動する電磁場	長岡洋介	148 頁	1980 円
量子力学Ⅰ　原子と量子	中嶋貞雄	228 頁	2970 円
量子力学Ⅱ　基本法則と応用	中嶋貞雄	240 頁	2970 円
熱・統計力学	戸田盛和	234 頁	2750 円
弾性体と流体	恒藤敏彦	264 頁	3410 円
相対性理論	中野董夫	234 頁	3190 円
物理のための数学	和達三樹	288 頁	2860 円

戸田盛和・中嶋貞雄 編
物理入門コース／演習[新装版]
A5 判並製

例解　力学演習	戸田盛和／渡辺慎介	202 頁	3080 円
例解　電磁気学演習	長岡洋介／丹慶勝市	236 頁	3080 円
例解　量子力学演習	中嶋貞雄／吉岡大二郎	222 頁	3520 円
例解　熱・統計力学演習	戸田盛和／市村純	222 頁	3740 円
例解　物理数学演習	和達三樹	196 頁	3520 円

──岩波書店刊──
定価は消費税 10% 込です
2024 年 9 月現在

戸田盛和・広田良吾・和達三樹 編
理工系の数学入門コース
A5 判並製　　　　　　　　　　［新装版］

学生・教員から長年支持されてきた教科書シリーズの新装版．理工系のどの分野に進む人にとっても必要な数学の基礎をていねいに解説．詳しい解答のついた例題・問題に取り組むことで，計算力・応用力が身につく．

微分積分	和達三樹	270 頁	2970 円
線形代数	戸田盛和／浅野功義	192 頁	2860 円
ベクトル解析	戸田盛和	252 頁	2860 円
常微分方程式	矢嶋信男	244 頁	2970 円
複素関数	表　実	180 頁	2750 円
フーリエ解析	大石進一	234 頁	2860 円
確率・統計	薩摩順吉	236 頁	2750 円
数値計算	川上一郎	218 頁	3080 円

戸田盛和・和達三樹 編
理工系の数学入門コース／演習［新装版］
A5 判並製

微分積分演習	和達三樹／十河　清	292 頁	3850 円
線形代数演習	浅野功義／大関清太	180 頁	3300 円
ベクトル解析演習	戸田盛和／渡辺慎介	194 頁	3080 円
微分方程式演習	和達三樹／矢嶋　徹	238 頁	3520 円
複素関数演習	表　実／迫田誠治	210 頁	3410 円

―――――岩波書店刊―――――
定価は消費税 10% 込です
2024 年 9 月現在

新装版 数学読本（全6巻）

松坂和夫著　菊判並製

中学・高校の全範囲をあつかいながら，大学数学の入り口まで独習できるように構成．深く豊かな内容を一貫した流れで解説する．

1　自然数・整数・有理数や無理数・実数などの諸性質，式の計算，方程式の解き方などを解説．　226頁　定価2310円

2　簡単な関数から始め，座標を用いた基本的図形を調べたあと，指数関数・対数関数・三角関数に入る．　238頁　定価2640円

3　ベクトル，複素数を学んでから，空間図形の性質，2次式で表される図形へと進み，数列に入る．　235頁　定価2750円

4　数列，級数の諸性質など中等数学の足がためをしたのち，順列と組合せ，確率の初歩，微分法へと進む．　280頁　定価2970円

5　前巻にひきつづき微積分法の計算と理論の初歩を解説するが，学校の教科書には見られない豊富な内容をあつかう．　292頁　定価2970円

6　行列と1次変換など，線形代数の初歩をあつかい，さらに数論の初歩，集合・論理などの現代数学の基礎概念へ．　228頁　定価2530円

岩波書店刊
定価は消費税10％込です
2024年9月現在

松坂和夫 数学入門シリーズ（全6巻）

松坂和夫著　菊判並製

高校数学を学んでいれば，このシリーズで大学数学の基礎が体系的に自習できる．わかりやすい解説で定評あるロングセラーの新装版．

1　集合・位相入門　　　　　　　　　340頁　定価2860円
　　現代数学の言語というべき集合を初歩から

2　線型代数入門　　　　　　　　　　458頁　定価3850円
　　純粋・応用数学の基盤をなす線型代数を初歩から

3　代数系入門　　　　　　　　　　　386頁　定価3740円
　　群・環・体・ベクトル空間を初歩から

4　解析入門 上　　　　　　　　　　　416頁　定価3850円

5　解析入門 中　　　　　　　　　　　402頁　定価3850円

6　解析入門 下　　　　　　　　　　　444頁　定価3850円
　　微積分入門からルベーグ積分まで自習できる

―――――――― 岩波書店刊 ――――――――

定価は消費税10%込です
2024年9月現在

岩波データサイエンス （全6巻）

岩波データサイエンス刊行委員会=編

統計科学・機械学習・データマイニングなど，多様なデータをどう解析するかの手法がいま大注目．本シリーズは，この分野のプロアマを問わず，読んで必ず役立つ情報を提供します．各巻ごとに「特集」や「話題」を選び，雑誌的な機動力のある編集方針を採用．ソフトウェアの動向なども機敏にキャッチし，より実践的な勘所を伝授します．

A5判・並製，平均152ページ，各1650円
＊は1528円

〈全巻の構成〉

Vol.1 特集「ベイズ推論とMCMCのフリーソフト」

＊Vol.2 特集「統計的自然言語処理 — ことばを扱う機械」

Vol.3 特集「因果推論 — 実世界のデータから因果を読む」

Vol.4 特集「地理空間情報処理」

Vol.5 特集「スパースモデリングと多変量データ解析」

Vol.6 特集「時系列解析 — 状態空間モデル・因果解析・ビジネス応用」

—— 岩波書店刊 ——

定価は消費税10%込です
2024年9月現在

ISBN978-4-00-029888-9
C3341 ¥2600E
定価（本体2600円＋税）

関数を三角関数の和として表すことで，その本質を明らかにするフーリエ解析．その思想は理工学全般に広く，本質的な影響を及ぼしている．フーリエ級数とフーリエ変換の基礎からはじめて，偏微分方程式への応用として波動方程式・拡散方程式・ラプラス方程式を解説し，関数解析など高度な数学につながる内容も取り上げる．